春潮NOV+

回到分歧的路口

魔宙

女孩别怕

女孩别怕

田静·女孩别怕团队
编著

中信出版集团 | 北京

图书在版编目（CIP）数据

女孩别怕 / 田静·女孩别怕团队编著 . -- 北京：
中信出版社, 2021.4
ISBN 978-7-5217-2290-1

Ⅰ.①女… Ⅱ.①田… Ⅲ.①女性－安全教育－通俗
读物Ⅳ.①X956-49

中国版本图书馆CIP数据核字(2020)第183382号

女孩别怕

编　著：田静·女孩别怕团队
出版发行：中信出版集团股份有限公司
　　　　　（北京市朝阳区惠新东街甲4号富盛大厦2座　邮编　100029）
承印者：天津丰富彩艺印刷有限公司

开　本：787mm×1092mm　1/32　印　张：7　　字　数：100千字
版　次：2021年4月第1版　　　印　次：2021年4月第1次印刷
书　号：ISBN 978-7-5217-2290-1
定　价：49.80元

审定专家名单

（按姓氏音序排列）

陈　颖　程　静　李婉婷　林华腾

王晨缤　王　会　王晓平　魏春娇

于惠铭　朱　珂　祝文莉

前言

大家好，我是公众号"女孩别怕"的主理人田静。

"女孩别怕"是一个依托于微信公众号平台，专注女性安全科普的团队。我们致力于为女性安全提供专业的保护方案，成立至今已有3年多的时间。

从2017年4月26日推送的第一篇文章开始算起，迄今为止，"女孩别怕"已经推送了450多篇文章。

这些文章大多基于真实案例，经过法律、医学等专业领域工作者的审核，为女孩保护自我提供方案。

在做"女孩别怕"公众号的近4年的时间里，我们接触了大量的女性安全知识，采访过很多女性受害者，也做过不少女性安全相关的黑色产业链调查。在这些文章里，我们教女孩们如何防身自保，向她们科普医学、生理常识，帮助她们解决问题，也曝光过黑色产业，提醒大家警惕未知的危险。

女孩在外租房，如何判断周围环境是否安全？

外出住酒店、民宿有哪些注意事项？

如何带着取证的意识，收集录音证据？

如何防范 PUA 情感操控术？

独居租房，要注意什么？

职场新人需要了解哪些法律常识？

如何辨别亲密关系中的精神虐待？

遭遇家暴，如何取证和自救？

哪些情况下需要做妇科检查？

在网上被人诬陷，该如何维权？

如何判断男友有没有家暴倾向？

月经期间运动，要注意什么？

……

因为欠缺防范意识，多数女孩在遭遇危险时，并不懂得如何应对。我们希望通过科普，让更多女孩学会自保技能，更有力量，过得更安全。

在公众号文章的 60 多万读者中，有将近五分之一都是男性。他们关注"女孩别怕"的原因也很简单：想对女性安全知识增加了解，服务另一半；想解决两性之间相处的困惑，理解另一半。

有的男生是为了更好地关心女朋友，有的男生则是为自己未来的交往储备知识。我曾收到过很多女孩的留言，她们说最开始关注"女孩别怕"，是因为男友推荐。

这些暖心的故事，撑起了"女孩别怕"这个温暖的品牌，也成了支撑我们坚持下去的底气。你会发现，女性安全这件事，不仅仅有女性之间的守望相助，更有男性伸出援手。

我们每个人都不是孤立的个体，我们都有着复杂的社会身份，我们可能是儿女、父母、兄弟姐妹。

我们相信知识的力量，我们也相信，女性不是柔弱、无助的代名词。她们可以强大、聪明、拥有智慧。

这是我们的第一本图书，希望精选出的这26份女性自我保护经验，能帮大家辨别骗局和恶意，多一份安全感，防患于未然。

我们想用笨拙的努力，一点点改变这个世界，哪怕只能改变一点点。维护女性安全任重道远，我们会一直做下去。有我们在，别怕。

田静

2021.1

目 录

CHAPTER

03

生理盲区：
不花冤枉钱，
身体少受罪

CHAPTER

01

危险关系:
亲密关系里的骗局和伤害

Part 1

警惕 PUA 情感操控术

作者 | 田静

PUA，全称 Pick-up Artist，原意是搭讪艺术家，即给内向不善交往的男女提供心理知识的"达人"，帮助他们学会人际交往，也指男性接受过系统化学习、实践，并不断更新提升、自我完善情商的行为。进入中国后，这个词汇却因为一些物化女性、情感操控女性的课程和骗局而臭名昭著，演变成一种骗财骗色、情感操控现象的代名词。许多女性被 PUA 后，常常陷入抑郁、失眠，乃至自杀的困境里，要花很多年才能摆脱情感操控带来的伤害。

PUA 最常见的操控套路是什么

PUA 情感操控者的套路基本如下：

虚拟人设

打造人设，例如为事业奋不顾身、才华横溢并视金钱如粪土、受过情伤却依然相信爱情等。以相应风格的穿着打扮配合人设，比如校园风、夜店风、商务风，同时打造朋友圈，突出自己有爱心、有品位、懂生活的特点。

分类击破

寻找对应的目标人群，采取不同的方式搭讪，引起注意，进而深入发展。

博取同情

两个人接触后，寻找机会博取同情，不经意间流露出脆弱的一面，激发对方同情。

忽冷忽热

与对方交往的过程中，先是热情，慢慢变得冷漠，然后看准时机再次热情，让对方捉摸不透。

逼迫表白

几乎从不表白，而是等时机成熟时，逼迫、引导对方来表白。

榨取金钱

这是关键的一步，也是很多 PUA 行为的主要目的：通过前期的操控，利用对方的信任给自己投资。通常先从榨取少量资产开始，循序渐进，因为羊毛不能一次薅光。

持续打压

这是 PUA 行为里最恐怖的地方。打压的核心是"夸你一分，贬低三分"，目的就是让对方永远觉得自己不够好，情绪跟着他们的引导起起伏伏。

强行洗脑

基本的话术是，因为你不够优秀，所以你不配，但我真的好爱你，所以我会忍受你，因此你以后要感激我，要听我的话，为我付出一切。

自杀鼓励

通过不断的打压洗脑，进一步诱导对方自杀，让对方愿意为自己去死，以证明爱的程度。目的是使对方认为一辈子都离不开自己。

PUA 针对的目标人群

PUA 情感操控往往是"广撒网"，操控者们追求的不是质量而是数量。PUA 针对的目标人群不局限于女性，也包括男性，但涉世未深、内心自卑、依赖性强的女生极易成为目标。

女孩们应该努力建立起健康平等的爱情观，坚持自己的底线，在爱情中保持独立和冷静，不轻易陷入别人设计的陷阱中。

远离 PUA，我们能主动做些什么

学会判断情感操控者

掌握 PUA 操控术的男性往往说话都很风趣，刚见面就开始和对方有肢体接触，更重要的是，和他在一起不会感觉到一点不舒服。可以根据以下几点判断对方是否为情感操控者：

对方是否总在操控你的情绪？

当你想让对方去做某件事情时，对方是否会提出条件，把你带进他的框架？

在双方尚未确定关系、了解不够深入的情况下，是否想快速和你发生关系？

如果对方有以上行为，就要冷静判断、慎重思考，不要轻易陷入这段关系。

尽量在二度人脉内选择交往对象

人脉关系可分为一度人脉和二度人脉。简单来说，一度人脉包括你的好朋友，二度人脉则是你好朋友的朋友。

尽量不直接和社会上、网络上认识的人交往，因为你无从了解他的过去和人品。选择那些通过熟人可以了解其品行和过往的人交往，这样也能缩小遇到 PUA 操控的概率。因为在 PUA 骗术中，操控者非常喜欢打造人设或玩失踪。

如果和你交往的男生将很多时间花在看手机上，各种聊天应用一应俱全，并且特别反感你动他的手机，就要提高警惕。

不要把恋爱时间压缩得过短，给彼此更长的时间去相互了解，不要感情用事，长久的关系需要判断力和理性的支持。这也是辨别和远离情感操控者的好办法，因为他们绝对不会对一个女生投入过多的时间和精力。

恋爱本来是件很美好的事，应该用心去感受，而不是去钻研所谓的捷径和策略。

适度了解 PUA 情感操控，是为了更好地保护自己，选择那些真正可以信赖的人。

Part 2

如何远离情感骗局？

作者 | 马亡（自由撰稿人）

2018 年，"清华大学留学生骗走中国女友 600 万"的新闻在网络上铺天盖地被讨论着：一个叫卫力的喀麦隆青年，在清华大学读博期间，与正在北京创业的胡女士交往，先后以学费、生活费、医疗费，甚至买房为由，卷走胡女士将近 600 万元；东窗事发后，卫力被判 14 年有期徒刑，驱逐出境。

近几年，中国女性被留学生骗钱骗感情的新闻屡见不鲜，而每次出现这类新闻，那些痛骂受害女性活该的言论和叫嚣着"洋垃圾滚出中国"的评论，数量是不相上下的。到底是那些被骗的中国女生太傻，还是留学生的套路太深？一切都没那么简单。

为了生一个混血儿，甘愿被骗

大学时，我有个室友交往过一个留学生。男生自称是巴基斯坦和迪拜双国籍，家里在美国有产业，在上海也有公司，目前正在本市最好的大学读硕士。我的室友是个普普通通的女孩，谈过一次一个多月的恋爱，也有过几个家境不错、人品上乘的追求者。后来她在一个软件上认识了这位留学生，很快陷入热恋。恋爱之后她整个人都活泼了很多，伴随着频频的逃课、夜不归宿。

几个月后的某一天，宿舍里只剩下我跟另外一个室友，她神秘兮兮、欲言又止地告诉我，交往留学生的那个室友似乎被骗了：男友的双国籍是假的，美国和上海的产业也是假的，真实情况和那些新闻中被曝光的留学生如出一辙——家中有好几个兄弟姐妹，拿着中国政府给的全额奖学金，还欺骗中国女孩。

事发之后男生提出分手，给出的理由十分决绝：以后我不会留在中国。本以为故事到这里也该收场了，但令我们大吃一惊的是，那位室友哭着不同意，理由是她想要一个混血宝宝。"想生个混血宝宝"是很多中国女孩选择与外国男生交往的理由之一，他们似乎忽略了，并非所有混血儿都有着漫画中小天使般的完美面孔。

另有一些女孩，则没有想那么长远，只是单纯地觉得有个外国男友是一件很有面子的事，与他一起走在街上或者校园里，多多少少会受到一些关注。哪怕这些关注大多出于好奇，也满足了一部分人的虚荣心理。面子有了，还顺带学了英语，这些女孩的初衷比我们想象的要简单很多。

如果说上述原因都更多关注的是精神层面的满足，那么还有一部分女孩，更像是把外国男友当作了一种"玩物"。这是一群比较开放的女孩，时常混迹夜店，有自己的小圈子。她们交外国男友的原因更加简单粗暴："身材好""有情调"。

相似的渣男套路，都是为了骗财骗色

我在网上搜索了中国女孩与留学生交往的相关话题，发现一些女孩的被骗经历相似度极高，令人惊讶。总结起来，一些外国留学生的欺骗套路如下：

搭讪

一开始借着教英语、学中文的名义搭讪女孩，加对方微信。

糖衣炮弹

加了微信之后便是各种甜言蜜语，"Honey"（亲爱的）、"Sweet"（甜心）、"你是我见过最美的女孩"之类的，将女孩哄得心花怒放，然后适时告白。

行踪不定

确定关系之后，见面时继续甜言蜜语，不见面时就找不到人，质疑他时就找各种借口，甚至反问女孩为何不相信他。

欺骗

隐瞒自己真实的经济状况，谎称自己的家庭在欧洲、美国或者北京、上海有产业，将自己塑造成"高富帅"的形象。

骗财骗色

部分留学生在隐瞒自己情况的同时还会利用女孩的单纯，骗财骗色。

欺骗多多少少存在破绽，但在糖衣炮弹的轮番轰炸下，很多女孩被冲昏了头脑。

他们藏在论坛中，交流如何骗女生

为什么这些留学生的套路如此相似？有知情者一语道破真相：他们有个网站，专门交流如何骗财骗色。我联系了知情者，找到了某个留学生聚集的论坛——这是某个大型论坛的子论坛，里面聚集着大量来华工作和学习的外国人。

除了留学生以外，论坛中还有很多在中国当外教的老师，他们拿着不菲的工资教中国孩子"口音最纯正的英语"，然而事实上他们很可能并没有念过大学。在一些非正规的培训机构或私立学校，招聘外教时并不需要对方提供证明。国外有人专门做了视频，教本国人如何来中国当外教，并声称"这样的工作机会在中国遍地都是"。

这些老外在论坛中发帖讲述自己来中国的经历，交流在中国生活的经验。他们谈论如何在中国找到工资高且轻松的工作，如何在最短的时间里找最多的中国女孩……事无巨细。

我查看了一篇点赞量比较高的帖子，楼主是个在中国生活了十多年的白人，中文不错。他的帖子里充斥着对中国的不满，觉得中国社会和文化都是垃圾，但面对中国人时，他会说："中国好，我喜欢中国文化，中国发展很棒，我不想回国。"从政治到经济，从文化到食物，论坛里的很多外国人都对中国持不屑的态度，而最能引发他们兴趣和激烈讨论的是如何骗中国女孩。

这个楼主还写了一篇《北京约会指南》，将以下几点奉为泡妞准则：

> 不要害怕说露骨和大胆的话，哪怕是公然的性骚扰也没关系，因为很多中国女生反而喜欢你这么做。如果偶尔碰到洁身自好的，不要理她，再

约别人就是了。

个别中国女性对白人有种近乎疯狂的崇拜，你在酒吧请她喝100元的酒，她都会为你疯狂。有些比较高端的女性看不上这些伎俩，不要在那种女性身上浪费时间。

保持一个稍微好一些的形象，记得刮胡子、喷香水、戴手表、穿好看的鞋。

不是很漂亮的女孩更容易上手，因为从小到大可能都没有男人搭理过她们。

建议大家找女大学生和实习生。这些人大多会崇拜你，无论你做什么她们都会觉得你很厉害，而且她们之中的一些人会抱有一种你准备和她们结婚的幻想。

中国男人完全不懂浪漫和乐趣，所以你稍微玩一点技巧，她们就会被你折服。

重申：只约不娶，来中国就是为了赚钱或者趁休学一年的空隙来玩。除非有特殊情况，否则不要和这些女性谈婚论嫁。

在这个论坛中，中国女孩被看作是轻浮的，中国人是愚蠢的，甚至整个中国都是愚昧落后的。这些外国人拿着奖学金，享受着优待，却将这里的一切贬得一无是处，大肆诋毁，这就是他们在我们看不见的地方所做的一切，而被蒙在鼓里的天真女孩们，还以为她们眼见的美好都是真实的。

毒品、艾滋病和色情陷阱，比骗感情更可怕

在庞大的骗局中，论坛交流不过是邪恶发酵的冰山一角。有知情人士提供了某境外色情网站的链接，里面汇集着来自世界各地的

黄色录像，其中有一个板块，便是外国人和中国女性的性爱视频，绝大多数都是偷拍的。

视频每天更新几十条，其中受欢迎的视频在短短一天之内会有几十万的浏览量。这些视频尺度之大，令人咋舌。视频中的女孩的确有游戏人间的，但更多的都是幻想着有朝一日能嫁去国外，生一个混血宝宝的天真女孩。出现在色情网站中的她们并不知道，她们的幻想只不过是虚幻的泡沫，而真相是赤裸裸的欺骗。

此类欺骗不只限于欺骗感情。当中国的一些高校开始配备"HIV（艾滋病）尿液匿名检测包"后，大学生艾滋病群体又被推到了风口浪尖。

新闻还报道过，有中国女孩为外籍男友运毒，相信了男友的甜言蜜语，坚信运完这一趟，他便会带自己出国，可惜声称要娶她的外籍男友只是在利用她做违法之事。

在有些心怀叵测的留学生眼里，她们是猎物，是被玩弄的战利品，而在另一些人眼中，她们成了败坏中国女孩名声的"easy girl"（容易得手的女孩），不值得同情和怜悯，但对她们自己来说，这种交往也许只是源于虚荣心作祟或者单纯渴望一份爱情。

所有地方都有好人坏人，并非所有来华的外国人都是丑恶之人，但一条又一条的新闻告诉我们，在和外国人交往时，我们需要多一份理性。不要因为他是外国人就轻易答应交往，不要因为他是外国人就允许他随便亲密接触，不要因为他是外国人就接受平日里你会拒绝的一切行为，不要将自己和外国人的交往分歧归因于文化差异。为了安全和健康，守住自己的底线，寻找健康的恋爱关系。

Part 3

如何辨别亲密关系中的精神虐待？

作者 | 田静

有朋友抱怨说，和男朋友刚在一起的时候，觉得他文质彬彬，蛮可爱的，相处久了才发现都是假象——男朋友管她管得特别厉害，还经常对她冷嘲热讽。

我问她："你跟他在一起的时候，需要小心翼翼地观察他的情绪吗？有没有总是害怕自己说错话或者做错事？"

朋友说："有啊，现在完全要看他脸色行事。就我们两个人在家里，我还得观察和猜测他的心情。而且他完全不做家务，家里的事情里里外外我都得照顾。常常不知道什么原因，他就突然对我劈头盖脸地一顿数落。现在每天的相处让我觉得好累。"

我朋友这是遇到精神虐待了。

什么是精神虐待

精神虐待，是亲密关系中的一种精神／情感上的折磨和摧残，对方不会对你拳脚相向，而是会在精神上不断打击你。

精神虐待比肉体攻击更可怕的是，对方会利用语言和行为，让你产生恐惧感和耻辱感，让你渐渐变得习惯于臣服，让你把所有不快的原因都归结到自己身上，长期的精神虐待会让人觉得自己一无是处。

在亲密关系中，任何遭遇精神虐待的人，都会疑惑不解：

他本来不是这样的人，肯定是我哪里做错了，他才会这么对我。

就算他这么对我，我也没办法离开，毕竟我们都在一起这么久了，我还能怎样？

我这么一个一无是处的人，他还愿意跟我在一起，我得乖乖听他的话。

……

精神虐待的具体表现

一个在亲密关系中动用精神虐待的人其实很难被及时察觉，因为他往往一开始会表现得很友善，对伴侣之外的人也都彬彬有礼。当你开始发觉不对劲的时候，他已经树立起一个好男人的形象了。

在这种情况下，你需要直面自己，回顾对方的表现和对方的语言、行为给自己的真实感觉——判断自己是否遭受了精神虐待是解决问题的第一步。

可以参考以下特征，看看对方是否具备了以下表现中的一条或多条，严重程度如何。

不想理你，敷衍了事

他不愿意和你一起参加集体活动，对亲密行为没有兴趣，态度敷衍。他开始变得很忙——去不完的饭局、见不完的客户，接你的电话时总是回复"在忙"，电话打频繁了就嫌你烦，甚至直接关机玩消失。

你们不能正常沟通。无论是面对面说话还是用手机发消息，他都会选择无视你或者在回复中流露出敷衍和不耐烦。

拒绝解决问题

当你发现两人的关系出现了问题，并且希望好好谈谈的时候，他会拒绝，还回应："没什么事情，是你想多了。"他的回应让你反复怀疑自己：是不是我有问题？是不是我哪里做错了？如果不是我的错，为什么他会这样对我？

当你好不容易找到可以沟通的机会时，他却抗拒讨论问题本身，只是吐露自己的脆弱、心酸和难过。于是你不忍心再沟通实质问题，开始心疼他，愿意体谅他。

他这种以退为进的方式，让关系中暴露过的问题重复发生，却始终得不到解决，而你始终陷在"他好可怜，我还是应该体谅他"的念头中。

爱用软刀子，让你尴尬难受

有外人在场的时候，你的任何小失误他都面露嫌弃，直说："你笨手笨脚的，这么简单的事情都做不好？"在外人面前让你尴尬丢脸。长此以往，你渐渐会害怕跟他一起出门。

他很擅长倒打一耙，明明是他做错了事情，却对你恶语相向，转移问题焦点。

他经常说"如果你不这么做，我怎么会这么对你"这样的话，让你产生内疚感。慢慢地，你们的关系里出现任何问题时，你都会想：是不是我做得不好？是不是我有问题？

想要控制你

他会很明确地告诉你，你不需要工作，他来养活就好，用这样的方式控制你的经济来源，让你逐渐沦为他的附属品。

他会限制你和朋友、家人见面。每次你出门，他就问你出去干什么、去多久、和谁一起。你说不清楚，他就不同意你出门，而你常常还会误以为他是担心你。

不断试探你的底线

在社交场合，他会刻意和别的女性亲密互动。如果你因此发脾气，他反而会指责你不给他面子，故意让他难堪。

最最过分的是，他开始夜不归宿，当你质问时，他解释说工作忙，或者直接摊牌：我就是劈腿了，不行就离婚（分手）。

大多数时候，面对另一半的苛责，我们都会先行反思是不是自己出了问题，却忽略了这种苛责极有可能是对方实施精神暴力的方式。

以下是精神虐待的 19 种预兆及表现，大家可以留意哪些行为是发生在我们身边却常常被我们忽视的：

> 频繁地贬低你；
>
> 过分地对你批评、指责；
>
> 拒绝沟通与交流；
>
> 忽略你，将你排除在他的计划或是活动之外；

开始出轨或有婚外情；

和异性之间有过分亲密的举动（意图激怒另一半）；

用嘲讽或是不快的语气说话；

没有任何理由地嫉妒；

极端情绪化；

开低劣的玩笑，常常嘲笑你；

喜欢说："我爱你，但是……"

喜欢说："如果你不这么做的话，我就会……"

喜欢主导并控制你；

出现问题时，首先选择逃避；

使用"让你感到内疚"的招数；

让所有的事情看上去都是你的错；

将你和你的家人、朋友对立；

使用金钱控制你；

如果你离开他，他会以自杀或自残威胁你。

值得注意的是，不要因为你的另一半有上面提到的一两种表现，就马上断定他在对你实施精神暴力。不过，如果他经常有很多类似的行为，让你感觉被控制，那就一定要当心。

为什么会出现精神虐待

精神虐待出现的原因，主要有两种。

"遗传"自父母

从小他与父母的相处模式就是这样：基本不交流或者用冷嘲热讽的形式交流。当他做得不好或者没有头绪的时候，父母不仅不会及时给予帮助，还会选择冷眼旁观，让他觉得不知所措和难堪。

他觉得没有人会听他的，自己的想法并不重要，因此拒绝表达。成年后，在关系出现问题时，他会用沉默逃避。

"人们在不知道如何处理问题时，往往会将自己的心困在一座城里，逃避后果。"这种情况也叫作"筑墙逃避"。

刻意假装

他可能有新欢或者不喜欢你了，但又不想做坏人，所以故意表现得冷漠，无视你。等你觉得无法忍受提出分手时，他会接受，还会说"是你说的，可别后悔"，然后潇洒地离开，让你一个人陷入自我怀疑中，无法挣脱。

正在遭受精神虐待，该怎么办

精神虐待往往并不会对我们造成实质的身体伤害，所以无法留存证据，很难向人证明。在这种情况下，当你试图维权时，妇联等机构也只能协调。想从精神虐待的侵害中脱身，还是要靠努力自救。千万不要想着认命算了，一定要试着做些什么。我的建议是：

不要一味责怪自己

一定不要觉得问题出在自己身上。两个人不管有什么问题，都应该积极地沟通并寻求解决办法，把关系里的问题归结到一个人身上肯定是不对的。

把自己的需要放在首位

不要为他说好话，给他开脱。错了就是错了，保护自己、照顾自己的情绪更重要。不要一味地委曲求全。

别理会对方的挑衅

当对方无理挑衅时，要尽量避免正面冲突。一旦你正面反抗，他就会抓住这一点，四处控诉你，让你陷入两难境地。

别幻想能帮他变好

你必须清楚，一个人想要做出改变，必须发自内心，只能是自己发现问题、下定决心。真的采取了行动，才是改变。

及时寻求帮助

找信任的人说明情况，寻求帮助和庇护。

时刻准备离开

发现问题的时候就要给自己想好退路——不管是分手还是离婚，让自己离开当前的环境，寻求可靠的庇护。

参考资料：

1.《如何辨别亲密关系中的冷暴力，遭遇时应如何应对？》，知乎，
https://www.zhihu.com/question/34122156/answer/59840766

2. "Domestic Violence and Abuse"，HelpGuide，https://www.helpguide.org/articles/abuse/domestic-violence-and-abuse.htm

3. "Emotional Abuse"，Psychology Today，https://www.psychologytoday.com/blog/anger-in-the-age-entitlement/201302/emotional-abuse

4. 玛丽－弗朗斯·伊里戈扬著，顾淑馨译《冷暴力》，江西人民出版社，2017 年

Part 4

如何判断男友有没有家暴倾向？

作者｜田静

家暴是个老生常谈的话题，它离我们每个人都不远。

我邀请到了国家二级心理咨询师程老师，一起聊了聊家暴以及如何防范家暴。以下内容整理自我们的聊天。

男友很温柔，婚后可能家暴吗

就算恋爱时男友表现得温柔体贴，也并不意味着他绝对没有家暴倾向。好在，一个人是否有暴力倾向，在结婚前就有办法察觉。

在 TED 演讲"为什么家庭暴力受害者不离开"（Why Domestic Violence Victims Don't Leave）中，主讲人莱斯利·摩根·斯泰纳（Leslie Morgan Steiner）讲述了前夫是如何从理想伴侣变成了拿枪指着她的暴力狂的。

通过莱斯利的亲身经历，我们能很明显地看到家庭暴力的三个阶段：

引诱、迷惑

二人热恋时，莱斯利一直认为男友康纳会是她一生的伴侣，他聪明、为人风趣，很支持她的事业。婚前同居期间，康纳也保持着良好的生活习惯，完全没有任何暴力倾向。

孤立、胁迫

后来康纳辞掉了工作，并告诉莱斯利这一切都是为了她。接下来，康纳胁迫莱斯利离开他们生活的城市，为爱做出牺牲。这种以爱为名的绑架就像一张迷人而致命的大网，康纳将莱斯利置于举目无亲的全新环境中，准备着下一步的行动。

长期施暴

种种铺垫后，暴力行为终于发生了。莱斯利第一次遭到康纳的暴力殴打是在他们举办婚礼的五天前。婚后两年间，莱斯利平均每周都会被康纳暴揍一到两次。有一次，仅仅因为开车迷路，康纳就用手拽着莱斯利的头发将她的脑袋向窗子上狠狠地撞去。嘴上说爱她的人，最终却用上了膛的枪指着她的脑袋。莱斯利不得不向身边人求助，最终彻底逃离了这段可怕的婚姻关系。

什么样的男人更容易施暴

在莱斯利故事的结尾，她勇敢地离开了暴力的丈夫，找到了相携相伴的健康伴侣。莱斯利是典型的家庭暴力受害者，也是典型的家庭暴力幸存者，她出版过一本书《疯狂的爱》（*Crazy Love*），分享了自己的这段经历。

到底是什么原因，让温文尔雅的男性变成了暴力狂？程老师说，家暴的成因非常复杂，没有单一的决定性因素，我们在此列举了几条与家暴行为显著相关的诱因，以便大家留意、及时发现家庭暴力的征兆，认真地防范和干预，保护自己。

曾目睹过家暴

成长过程中曾目睹爸爸打妈妈的孩子，很容易习得这种行为。这是由于他没能从爸爸身上学会合理的情绪释放方式，于是就潜移默化地种下了暴力的种子，但也有一些男性，因为幼年时看到了爸爸打妈妈，反而被激发出了保护女性的责任心。

嫉妒心强、控制欲强

嫉妒心强、依赖性高、控制欲大到让人害怕的男性，更可能有家暴倾向。这类性格的男性不满足于只有一个伴侣，但同时又坚决地防范伴侣，要求其绝对忠诚。还有一些男性无法忍受妻子的收入高过自己，嫉妒对方，就对女方动用暴力。

持有"打老婆没错"的迂腐观念

有些男性的思想迂腐落后，改不掉物化女性的观念，坚持认为老婆是自己的所有物，想怎么处置都行。

有精神缺陷

有些施暴者由于先天的精神缺陷，会表现出极强的攻击性。不过这种情况不多见，如果女方知道对象有精神问题，一般也不会选择再继续交往。

体内激素失衡

一些人施暴成瘾，源于肾上腺素或肾上腺皮质激素的失衡。还有医学专家发现，睾丸激素越高的人，越热爱用暴力解决问题。

其他影响因素

工作压力、社会压力等都会激发负面情绪，从而诱发暴力行为。

如何判断男友是否有家暴倾向

婚前同居是个好办法

人能装一时，不能装一世，朝夕相处很容易暴露一个人真正的脾气和性情。

观察他对弱者的态度

看看男朋友对其他女性、小孩、服务人员、下属甚至小动物是什么态度，如果有欺软怕硬的表现，就要多多考量是否还要继续和他在一起。

跟他的朋友聊聊

找机会和他的哥们儿、同事、老乡打打交道，旁敲侧击地问问男友在他们心中的形象。比如在工作中，他会不会推卸责任？遇到分歧时他会怎么应对？他的情绪是否稳定，有无喜怒无常的表现？

了解他的家庭状况

上一代人的家暴行为对子女的影响很大，极有可能诱发子女的暴力倾向。多了解一下男朋友对待父母的态度，观察他父母之间的相处模式。

看看他是不是极端的大男子主义

他的嫉妒心强不强？控制欲大不大？会不会和异性搞暧昧，甚至越界，却因为你跟异性多聊了几句就大发雷霆？

观察他遇到糟心事时的发泄方式

一个人遇到糟心事时的反应最能体现他的涵养。被人激怒后，他是会破口大骂、大打出手，还是情绪稳定、寻求解决方法？跟你争吵时是努力克制，还是会摔东西、骂人甚至进行人身攻击？

观察他有没有语言暴力

语言暴力主要有以下几种表现：

习惯性地嘲讽、贬低对方；

爱用脏话强调观点、表明态度；

对来自他人的互动习惯性无视，总觉得别人打扰了自己；

喋喋不休，车轱辘话来回说；

言谈间常用最大的恶意揣测别人；

不合时宜地抬高声音。

观察他有没有不良嗜好

如果男朋友酗酒或沉迷游戏到了影响正常生活的程度，就要留心他可能有暴力倾向。

相信直觉，诚实面对自己对伴侣的态度

你会不会有时很害怕男朋友？会不会因为怕激怒他，刻意回避一些话题或事情？请直面自己的感受。

家暴只有零次和无数次，一旦发现男朋友有暴力倾向，就应慎重评估这段关系。忍耐暴力，不会改变对方或这段关系的现状，果断地离开危险的人，才能保护好自己。

参考资料：

1. "Why Domestic Violence Victims Don't Leave"，TED，https://www.ted.com/talks/leslie_morgan_steiner_why_domestic_violence_victims_don_t_leave/transcript?language=zh-cn

2.《家庭暴力的理论研讨》，黄列，载《妇女研究论丛》2002 年第 3 期

3.《最高法统计显示 24.7% 家庭存在不同程度家暴》，央视网，http://news.cntv.cn/2015/12/28/ARTI1451236084412328.shtml

4.《内蒙古女记者遭家暴致死　丈夫被判死缓上诉》，新京报，http://www.bjnews.com.cn/video/2017/04/07/439056.html

Part 5

遭遇家暴，如何取证和自救？

作者｜田静

2016 年，中华全国妇女联合会发布了一组统计数据，全国 2.7 亿个家庭中，有 30% 的已婚妇女曾遭受家暴，平均每 7.4 秒就会有一位女性遭到丈夫殴打。

面对家暴，有的受害者觉得"家丑不可外扬"，有的受害者为了给孩子一个完整的家而一忍再忍，但是，一次次的忍耐往往换来的除了变本加厉的殴打，还有可能是失去生命的代价。

难道遇到家暴时就只能忍吗？我总结了一些有效的自我保护和取证方法，整理了家暴维权成功的案例，希望能提供给大家参考。

遭遇家暴该怎么办

报警

根据《2017 年全国家暴案件判决大数据报告》，在 2017 年的 94 571 件家暴案件中，报警的只有 8 989 件，报警率只有 9.5%。

报警率偏低可能有几方面的原因：一是受害人觉得"家丑不可外扬"；二是受害人的报警意识不强，觉得家暴是"家务事"，报警也没用；三是施暴人是家里的顶梁柱，受害人没有一技之长，不敢报警提离婚。

其实，家暴受害者及时报警，不仅可以教育和警醒施暴者，还可以将警方的证明材料当作起诉离婚的证据。

报警是一种保护自己的途径，家暴有很多不可控因素，没办法提供给受害者绝对可行、全部适用的建议，关键是自身有没有安全意识，是否下定了离婚的决心。

拨打全国妇联妇女维权公益服务热线 12338 求助

"12338"是由全国妇联设立的全国统一号码、统一规范的妇女维权热线，由专业律师免费解答问题。假如遭遇家暴，可以打电话向律师咨询相关的法律规定，根据律师的建议解决问题。

起诉离婚

在证据充足、离婚信念坚定的情况下，可以找律师，直接向法院提请离婚。

家暴维权成功案例类型

直接向法院起诉离婚

2015 年，吴某和丈夫结婚，婚后发现丈夫有赌博的习惯，劝过几次，都不听，说得多了，丈夫就动手打人，以至到后来，丈夫只要输了钱，吴某就会挨打。2016 年，吴某向法院提起离婚诉讼。

案件审理期间，丈夫每天给吴某打电话道歉，承诺自己以后再也不会打她了，希望可以撤销离婚诉讼，但吴某离婚态度坚决。法院最终判决双方离婚，吴某获得了 48 000 多元的赔偿。在这起家暴案中，妻子坚决的态度起了至关重要的作用。

无独有偶，2016 年初，艾某因被丈夫家暴，向郑州市人民法院起诉离婚。据艾某说，婚后夫妻双方经常发生口角，丈夫情绪激动时便会大打出手。在当地妇联的调解下，丈夫写了保证书，承诺之后不再动手，但没隔几天，丈夫就又因一点小事殴打艾某，致其左腿骨折。于是，艾某到法院起诉离婚。在医院的诊断书、妇联的书面记录和丈夫自己写的保证书等证据的联合支持下，法院判决二人离婚。

申请人身安全保护令

人身安全保护令，是人民法院为了保护家庭暴力受害人、他（她）的子女和特定亲属（如父母）的人身安全，确保婚姻案件诉讼程序的正常进行而做出的民事裁定。

人身安全保护令不是只有受到家暴后才可以申请，如果当事人觉得有被家暴的可能，比如对方曾打砸家里的东西或拿刀威胁自己，也可以向人民法院申请人身安全保护令。

人身安全保护令的申请要求有三点：

有明确的被申请人（实施家暴者），有明确的被申请人的姓名、通信地址或单位；

有具体的请求，如请求禁止被申请人向申请人实施家庭暴力，请求禁止被申请人骚扰、跟踪、接触申请人及其相关亲属等；

有遭受家庭暴力或面临家庭暴力情形的事实依据和理由，申请人要向人民法院提交有关证据，如报警记录、医院的诊断证明等。

人身安全保护令可以包括下列措施：

> 禁止被申请人实施家庭暴力；
>
> 禁止被申请人骚扰、跟踪、接触申请人及其相关近亲属；
>
> 责令被申请人迁出申请人住所；
>
> 保护申请人人身安全的其他措施。

法院在发出保护令时，可以根据具体情况选择以上四项中的一项或多项。第四条中的"其他措施"由法院视具体情况决定。

赵阿兰（化名）和前夫离婚12年，但在这期间，前夫总是擅自跑到她家，对她实施殴打。她被菜刀顶过脖子，被灌满开水的暖壶砸过头，身上有大大小小的伤疤。《反家暴法》施行一个多月后，法院通过了赵阿兰的人身安全保护令，禁止她的前夫"骚扰、跟踪、接触申请人及其亲属"。从此之后，她才真正过上了太平日子。

除了赵阿兰这个例子，微博"@大魔宙"发布的一篇文章中，也讲到了一位博主申请人身安全保护令的案例。

2017年5月，这位博主向法院提请了诉讼离婚，但丈夫坚称二人感情没破裂，法庭判决不离婚。

在那之后，这位博主的丈夫、公公、婆婆先后多次去她的住所辱骂威胁，泼油漆、堵锁眼，甚至持械破坏防盗门。7月11日，她申请了人身安全保护令，被驳回，申请复议，8月21日依然被驳回，但她没有放弃，把各种证据（包括被破坏的门锁照片、申请被驳回的书面材料等）都保存着，继续申请人身安全保护令。8 月 29 日，保护令申请成功。

赵阿兰和这位博主的亲身经历都说明，人身安全保护令可以最大程度地保护家暴受害者，就算第一次申请没有通过，也一定不要放弃。

维权成功要素

以上维权成功的案例，有如下共同点：

申请人离婚信念坚定

家暴只有零次和无数次，别人说一万句话也抵不上你自己的决定。面对家暴，如果决定离婚，那就要拿出"吃了秤砣铁了心"的劲头。

有人被丈夫的道歉和保证书打动，相信他会改过，但遇到矛盾时，丈夫依然举起了拳头；有人为了给孩子一个完整的家而一忍再忍，但是一个充满争吵和暴力的环境对孩子的健康成长同样会造成影响。因此，如果面对着无休止的家暴，请咨询亲友和律师，把伤害降到最低才最重要。

证据保留全面

吴杰臻律师在《2017 年全国家暴案件判决大数据报告》中，分析了 94 571 份涉及家暴的离婚判决，其中仅有 16 632 件案件有相关举证，举证率为 17.59%。

这说明，在家暴这件事上，受害人的证据意识不强。

此外，在有举证材料的案件中，只有 1 492 件有伤情鉴定，1 767 件有就医材料，3 326 件有报警回执，77 件有告诫书，2 290 件有调查笔录。

有的受害人甚至说，自己根本不知道哪些材料可以当作遭受家暴的证据，更别说收集保留了。通过分析家暴案件，我把可以当作证据的材料汇总如下，主要有三类：

1. 和申请人自己有关的证据

申请人的伤情照片、医院诊断证明、和家暴有关的录音录像资料、微信短信记录以及对方写的悔过书或保证书等，均可作为证据。

但在部分案件中可能存在这样的情况：即使有施暴者写的保证书、悔过书，法官仍然未将这些行为认定为家暴。原因在于保证书、悔过书内容过于含糊，只有保证以后不再打骂老婆之类的表述，没有明确写出殴打的次数和程度。

一份"有用"的保证书，首先要写明存在家庭暴力，其次需要把每次家庭暴力的时间、地点、发生原因都详细写清楚，最后再写明保证不会有下次。保证书最好找证人签字，以证明事件的真实性。

2. 警方出具的相关证据

110 报警记录、有关家暴的报警回执、警方出具的告诫书、派出所的询问笔录、周围邻居的证言等，都可以当作证据。

相较报警回执，警方出具的告诫书一方面能对施暴者起到教育作用，另一方面也是证明家暴行为的有力证据。由于家暴行为事后取证难，拿到公安机关出具的告诫书或调解书，更有利于受害人维权。

3. 居委会和妇女联合会出具的相关证据

居（村）委会或社区对于家暴的情况说明、妇联出具的书证（一种类似于证明的文字材料）等，也都是证据。

及时向法院起诉

《中华人民共和国反家庭暴力法》第三十三、三十四条对家暴实施者和违反人身安全保护令的行为都做出了规定：

> 第三十三条　加害人实施家庭暴力，构成违反治安管理行为的，依法给予治安管理处罚；构成犯罪的，依法追究刑事责任。
>
> 第三十四条　被申请人违反人身安全保护令，构成犯罪的，依法追究刑事责任；尚不构成犯罪的，人民法院应当给予训诫，可以根据情节轻重处以一千元以下罚款、十五日以下拘留。

而第三十三条中的"违反治安管理行为"，以《治安管理处罚条例》第二十二条为衡量标准：

> 有下列侵犯他人人身权利行为之一，尚不够刑事处罚的，处十五日以下拘留、二百元以下罚款或者警告：
>
> （一）殴打他人，造成轻微伤害的；
>
> （二）非法限制他人人身自由或者非法侵入他人住宅的；
>
> （三）公然侮辱他人或者捏造事实诽谤他人的；
>
> （四）虐待家庭成员，受虐待人要求处理的；
>
> （五）写恐吓信或者用其他方法威胁他人安全或者干扰他人正常生活的；
>
> ……

如果家暴行为严重，比如经常打骂、捆绑被害人，限制被害人自由，从肉体、精神上摧残、折磨被害人，情节恶劣的，构成虐待罪，应处两年以下有期徒刑、拘役或者管制；如果引起被害人重伤、死亡，处两年以上七年以下有期徒刑。

学习以上法律信息，是为了更好地保护自己、科学维权，但这并不意味着拥有保护令就能百分之百地安全无虞。

除了采用这些维权手段，遇到家暴时，还要注意不要激化矛盾。有条件的话可以先分居，避免因为情绪激动造成更严重的后果。

家暴很可怕，但更可怕的是明知道有解决办法却仍然无动于衷。我们至少应该保护好自己，懂得如何在遭遇家暴时取证和自救。

参考资料：

1.《我国人身安全保护令制度研究——以中国裁判文书网 427 个案例为分析样本》，刘丹，知网空间，http://cdmd.cnki.com.cn/Article/CDMD-10183-1017138949.htm

2.《最高法公布反家暴十大典型案例 去年发 680 余份人身安全保护令》，界面新闻，https://www.jiemian.com/article/1157648.html

3.《南昌去年接到270件家暴投诉 面对家暴你可以通过五种方法维权》，江西新闻网，http://jiangxi.jxnews.com.cn/system/2016/03/01/014717815.shtml

4.《还说家丑不可外扬？全国妇联统计每 7.4 秒就有一女性被家暴》，澎湃新闻，https://www.thepaper.cn/newsDetail_forward_1568118

Part 6

生男孩偏方，为什么不能信？

作者 | 田静

我有个朋友曾在怀二胎期间被婆婆折磨得身心俱疲。她当时已经有一个三岁多的女儿，但婆婆非常希望二胎能再要个男孩，凑成一个"好"字。生男生女本来是概率问题，老人家却非要"神助攻"，比如，听说吃碱性食品能生男孩，就拉着她天天早上吃热干面，结果吃到吐。

执着地想要生男孩并四处搜寻偏方的人还真不在少数。网络平台上，关于生男孩的偏方，流传最广的是多吃碱性食品、用碱性溶液冲洗阴道……此外还有老中医偏方、清宫图、生男孩的同房技巧……这些谣言毫无科学依据，却一再流行，使得不少人上当受骗。

戳穿谣言背后的骗局

谣言 1：服用生男丸、转胎药，可以生男孩

这类谣言的兜售者主要是网上的一些无良商家。新闻曝光的各类"生男神药"主要有两种。

第一种是怀孕前服用的，比如"生男丸""生子丸""优生散"。"生男丸"号称服用后成功率高达98%，打着"纯天然""传统滋补""纯中药"的标签行骗。根据《重庆商报》曝光的新闻，电商平台上售卖生男丸的商家，通常不会公开发布产品信息，只在首页贴出自己的QQ号和微信号，企图借此绕过平台的监管和顾客私下联系。

第二种"神药"针对孕妇，例如"转胎药"，声称可以转变胎儿性别。这些所谓的"转胎药"，有的竟然含有红花、当归、雄黄等药材。红花主治经血不调、瘀血肿痛等外伤症状，属于孕妇慎用药材；当归主要用于活血防痛经，会增加孕妇出血风险；雄黄则更离谱，它是一种矿石，加热到一定温度后，会形成剧毒成分三氧化二砷，俗称砒霜，少量服用会引起恶心、腹泻症状，过量则会危及生命，另外，雄黄还可导致胎儿发育停止、畸形。

还有一类"转胎药"含有大量雄性激素。服用激素容易导致胎儿假两性畸形。由于吃"转胎药"导致胎儿畸形的悲剧，经常见诸报端。其实，精子和卵子结合的瞬间，胎儿的性别已经被决定了，"转胎丸"的原理完全违背了科学。怀孕期间，即便服用正规药物，都存在种种禁忌，而服用来路不明的药物，则是对自己和孩子极不负责任的行为。

谣言2：掌握正确的同房技巧和时机，可以生男孩

男性的精子有含X染色体或Y染色体的两种情况，只有当女性提供的卵细胞与含Y染色体的精子结合时，生出的才是男孩。

20世纪70年代，有个谢特尔兹博士（Dr. Shettles）做了一系列

研究，得出了"X精子耐酸，Y精子耐碱"的结论，随后诞生了"排卵日同房可以生男孩"的说法，理由是"排卵日当天宫颈管偏碱性"。于是，很多女性测量体温、计算排卵日，和丈夫掐着点儿"造人"。实际上，在排卵期同房受孕率的确比较高，但最终生男生女还是无法保证。

谣言3：碱性体质，更容易生男孩

这类谣言也声称要让女性的阴道环境更"碱"一点，常见的谣言说法如下：

"备孕时，要多吃碱性食物、喝碱性水，努力打造碱性体质，阴道环境就会偏碱性。"

"用碱性溶液（比如小苏打水）冲洗阴道，可以让阴道环境变得偏碱性。"

吃碱性食物就会变成碱性体质？其实并不会。为了维持正常的代谢和功能，人体的酸碱度必须在极小的正常范围内保持不变。任何食物，经过人体消化系统的重重关卡代谢分解之后，都不会改变人体的酸碱度。一日三餐只吃热干面，你的身体也不会变"碱"；一连三天"捧醋狂欢"，身体也不会因此变"酸"。如果人体出现酸碱失衡，这种情况叫作"酸中毒"或"碱中毒"。只有身体内部出现了某种疾病才会造成此类中毒。对于孕妇而言，区分酸性和碱性食品毫无意义，均衡的饮食才是最好的。

用碱性溶液冲洗阴道，更是荒唐透顶，正常情况下阴道是酸性的，人为地用碱性液体冲洗阴道，会影响阴道正常菌群，导致炎症发生率增加。

谣言 4：使用清宫图可以预测胎儿性别

最后一类谣言，属于"玄学"范畴，比如"生男生女清宫图"。

这听来像一门高深又暗藏玄机的学问，其实操作过程非常简单，声称只要知道孕妇的怀孕年龄、月份，就可以根据清宫图预测出胎儿性别。于是某些相关论坛里有很多准妈妈瞅着清宫图，一边摸着肚子一边猜测："我肚子里的这个是男孩还是女孩？"也有人在备孕期间，按清宫图指定的月份"造人"，期待着能生出想要的宝宝。

谣言总是经不起考证。有人发现，网上流传着近 20 种不同版本的清宫图，用相同的计算方法，预测出来的宝宝性别也并不一样。用这种方法测胎儿性别，本质上和星座测试差不多——难道在同一个月怀孕的同龄女性，生出来的孩子就都是同一种性别？何况科学研究已经证实，孩子的性别仅仅由男性精子的染色体决定。

除此以外，还有一些毫无理论依据的民间土方，比如用白公鸡炖汤给孕妇喝、把雄黄切块装进荷包挂在孕妇肚脐上，或是放一把斧头在床底下，就能生男孩，听上去非常简单可行。然而，方法越简单，其实就越值得怀疑——如果人类能这样轻易地左右胎儿性别，那全世界的人口性别比例早就严重失调了！

生男孩有科学方法吗

的确有，通过第三代试管婴儿手术是可以实现的，但手术的初衷不是为了性别选择，而是让不孕不育的家庭也能生儿育女。

第三代和第一代、第二代试管婴儿手术都是将夫妻双方的精子和卵子取出体外，进行体外授精，然后把胚胎移植到女性的子宫内。

不同的是，第三代试管婴儿手术，需要在移植胚胎之前检查每一个胚胎的染色体，看看是否有遗传疾病，因此能够通过筛选染色体来控制胚胎性别。

我国早在2001年就出台过法律，明确禁止非医学目的的性别鉴定。只有一种情况性别鉴定不违法，就是依据医学指征，胎儿可能患有某种遗传疾病。举个例子，如果一对夫妇想要通过试管婴儿手术生男孩，按照我国法律是不允许的，但如果孩子的父亲患有X染色体隐性遗传的血友病，医生会建议这对夫妇选择胎儿性别，生男孩，因为生女孩会遗传父亲的血友病基因。

近几年，由于不孕不育的家庭数量攀升，寻求试管婴儿手术的人日益增多，国内的正规医院已经无法满足需求，一些人为了求子，纷纷转向地下黑市，或者前往海外。那些没有命令禁止胎儿性别选择和鉴定的国家及地区就成了求子家庭的热门就医地。另外还有一些没有不孕不育困扰的家庭，也打着基因筛查的名义，在海外进行"合法"的胎儿性别选择。2014年起，泰国试图整顿试管产业，但实际情况是，提供胎儿性别选择服务的医院仍然不见减少。有大批非法中介就瞄准了这个商机，专门提供海外试管婴儿手术的全程服务，一般收取几万元的中介费用。然而由于跨国医疗中介行业的不规范，求医者可能会面临高风险、无保障、维权难等各种医疗问题。

现在，人们已经逐渐意识到了畸形的性别比例会带来潜在的社会问题。出于传统观念等非医学原因进行的胎儿性别选择，不值得也不应该提倡。

参考资料：

1.《酸性体质引发疾病？》，果壳网，https://www.guokr.com/article/5080/

2.《服了转胎丸，就能改变性别、圆你儿女双全的梦？》，春雨医生，https://www.chunyuyisheng.com/pc/article/101615/

3.《无锡一女子因公婆盼生孙子　服"转胎药"致胎死腹中》，腾讯网，https://js.qq.com/a/20140928/006549.htm

4.《记者调查：想生二孩的中国人为啥远赴泰国求试管婴儿》，新华网，http://www.xinhuanet.com/world/2016-01/25/c_1117880427.htm

5.《中国性别比失衡治理 13 年：专家称 5 年后光棍近澳大利亚人口》，澎湃新闻，https://www.thepaper.cn/newsDetail_forward_1369031

6.《网售神药吃了包生男孩？真相：服用有损健康》，新浪财经，https://finance.sina.com.cn/roll/2017-08-08/doc-ifyitayr9693031.shtml

Part 7

为什么不建议做处女膜修复？

作者 | 飒姐（妇产科主治医生、知乎大 V、公众号"医女正传"运营者）

我接诊过两位姑娘，她们的问题都跟处女膜修复有关。

乐乐跟男友分手后，为了找回完整的自己，同时也因为担心以后的男朋友会介意自己不是处女，便通过电线杆上的小广告找到了一家开在胡同里的无牌妇科诊所，做了处女膜修补术。结果，术后乐乐的阴道口肿胀疼痛，还出现了化脓情况，来医院治疗了一周病情才控制住。

欣欣也接受了处女膜修补术，是在正规医院做的，没有感染，但结婚后，同房却变得艰难，疼痛难忍，怎么都无法成功。检查后才发现，原来欣欣做过处女膜修补术后，瘢痕组织很厚，造成了同房困难，解决方法是帮她把过分强韧的处女膜切开。

随着社会的发展，人们的思想越来越包容和开放，婚前性行为变得普遍，拥有处女情结的人越来越少，但仍然有很多姑娘受到了

"处女思想"的荼毒。其中，有一些经历过感情伤害的女性渴望通过修补处女膜给自己心理暗示，以示自己还"完整"。这种想法可以理解，对她们来说，处女膜修复就好像一颗神奇的后悔药，也许是可以放下过往、开始新生活的契机。只是，真的有那么神奇的后悔药吗？能否做到像某些医院宣传的那样"轻松快捷，完好如初"？我们先来了解处女膜的基本常识。

在阴道口和阴道前庭的交界处有一层环形的膜，中间有孔，就是我们俗称的处女膜，学名叫阴道瓣。为了说明方便，我们统一使用"处女膜"这个词。

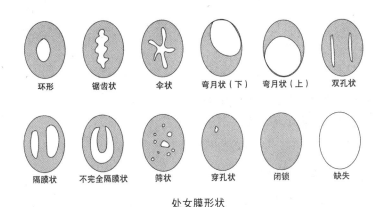

处女膜形状

婴幼儿时期，处女膜比较厚，有一定的保护作用。到了性成熟期，处女膜的保护作用所剩无几，而且因为位于阴道口，已经变得比较薄，剧烈的运动，比如跳高、跳鞍马、骑自行车，都有可能造成破裂。处女膜周围存在少量的血管和神经，所以初次同房可能会造成少量的出血。

处女膜修补手术是处女情结的一种产物。最初选择做这个手术的女性，有些是因为从事性工作，想用"处女"身份来迎合某些人的特殊喜好，从而换取高价。原本这只是人们私底下偷偷做的手术，后来因为时间短、利润高，才变成了街头巷尾和医院里都有的常规项目。

处女膜修补术怎么做

直接修补

处女膜破了后，并不会完全消失，在阴道口周围仍然会有一圈残留的处女膜组织。如果这些残留的处女膜组织还可以勉强修补，那么最常用的修补方法就是把这圈残留组织像补衣服一样缝在一起，让它变成一个完整的环形处女膜。

这种方法的优点是技术含量不高，比较简单和快速，但缺点也不少——既然修补，就难免有针脚痕迹。

膜不够，阴道壁来凑

如果原来的膜已经残破得厉害，简单的缝合已经无能为力，这个时候医生就会采用另外一种方法——利用阴道黏膜再造，即选取阴道口处的阴道黏膜，做一个新的环形处女膜。因为阴道黏膜本身的延展性和弹性都不错，所以可以以假乱真。

这种方法比第一种的技术含量稍微高一些，但仍然不算十分困难。所需时间也跟前者差不多，十几分钟，最多半个小时一般就能够完成。

高科技黏合法

这种方法听上去好像技术含量很高，其实就是把一种人造处女膜放入阴道内。人造处女膜经过阴道内分泌物的溶解，会变成一种胶水一样的黏合物，把阴道黏起来。等同房时，黏起来的阴道被撑开，人造膜里的血红素会营造出"血染"的效果。

植入这种假处女膜无须开刀，不用缝合，十分方便，但缺点是容易"露馅"，而且对时间上的要求太严格——同房时还得掌握时间，这个要求有点高！另外，人造处女膜里的高仿血液会染色，"出血"后要尽快清洗。

也许你还在广告和网站上见过一些关于处女膜修补手术天花乱坠的描述，它们大多来自非正规的医院，充斥着"微雕""韩式""精塑"之类的词汇。这些花里胡哨的广告目的都一样，就是为了抬高手术价位。事实上，不管形容词用得多复杂，都不会改变这项修复手术的目的和本质。这种情况下，最贵的未必是最好的。

处女膜修补术的风险

修补术看起来简单，操作起来也不算高难度，那么它是否还存在风险呢？

伤口感染

乐乐的手术是在黑诊所做的，那里的卫生和消毒条件根本无法得到保证。虽然她接受的处女膜修补术操作步骤并不复杂，但毕竟是一个有创伤、需要缝合的手术。黑诊所里面的医生，不能确保持有执业证明、经过正规培训；再加上术后护理做不到位，伤口很容易感染。

仅仅是伤口感染还好处理，但万一因为器械消毒不规范，被传染上了某些疾病，比如梅毒、艾滋病，那才是一辈子的噩梦。

修补过头，想让它破的时候破不了

欣欣是瘢痕体质，修补后的处女膜，因为瘢痕组织的增生变得非常坚韧，而且明显增厚。婚后想要让这层膜破裂时，发现破不了，不仅无法正常同房，每次尝试还伴有剧烈的疼痛。

无论是在残留的处女膜上直接修补，还是用阴道壁来进行缝合伪装成膜，日后都有可能出现因为瘢痕体质同房困难的风险。

不明物质，可能造成过敏和其他伤害

打着高科技旗号的人造处女膜，仍然有很多不法商贩在地下偷偷售卖。这些产品大都是三无产品，没有相关的合格证和生产厂家信息，没有明确地标注成分，都在拿"胶原蛋白""天然色素"做烟雾弹。

放入体内的东西必须安全卫生，而一种混合了颜料和不明成分的东西，极容易引起过敏。更需要注意的是，万一这种产品含有腐蚀皮肤黏膜的成分，伤害就会更大。

作为一名医生，我不建议女性做所谓的处女膜修补手术，不仅仅是因为它存在安全风险，而是更希望大家不要被所谓的贞洁观束缚。自己的身体应该自己来做主，在努力保护好自己的前提下，可以追求属于自己的幸福，千万别让这层膜长在心里。希望人人都能明白：需要靠一层膜、一次出血来证明和维系的感情，比这层膜本身更不堪一击。

Part 8

为什么无痛分娩能缓解生产的恐慌？

作者 | 飒姐

我多年前刚刚进入妇产科工作时，有一天为一位产妇接生。她对疼痛比较敏感，生完孩子后，她抓住我的胳膊，有气无力地跟我说：医生，我要结扎，我这辈子都不要再生孩子了，太疼了，实在太疼了。

如今走进产房，会看到刚刚生完孩子的产妇在自拍发朋友圈，虽然人还有点虚弱，却高兴地摆了摆手，喊我过去合影，我看到她打了一行字：原来，生孩子真的没有想象中那么可怕。

将女性从生不如死的分娩疼痛中解脱出来的，是无痛分娩。

什么是无痛分娩

其实"无痛分娩"这种叫法并不准确，无痛分娩针其实是一种"分娩镇痛"技术。一般来说，无痛分娩并不是完全没有疼痛的感觉，而是可以感觉到宫缩和轻度可接受的疼痛。

最常采用的无痛分娩技术是椎管内分娩镇痛，也就是硬膜外麻醉法（硬膜外隙阻滞麻醉），即将局部麻醉药注入硬膜外腔，阻滞脊神经根，暂时使其支配区域麻醉。这是迄今为止所有分娩镇痛方法中镇痛效果最佳的，需要由有经验的麻醉医师进行麻醉。

麻醉医师在产妇的腰椎间隙穿刺成功后，会在蛛网膜下腔注入少量局部麻醉药或阿片类药物，并在其中置入一根细细的导管，导管的一端连接镇痛泵，一端在产妇手里。等麻醉师设定好药物剂量后，可以由产妇根据疼痛程度自行控制给药，镇痛效果可以持续至分娩结束。

我生孩子的时候，曾以为可以依靠自己的妇产科知识和拉梅兹呼吸法来打败宫缩带来的疼痛，但在我把老公的皮带都扯断，宫口却只开了三厘米后，我毅然决然打了麻醉。当药物流入我的椎管，疼痛骤然减轻，我感觉自己由地狱飞上了天堂。

打无痛分娩针会影响宝宝健康吗

有一次，我向一位符合条件的产妇介绍无痛分娩，将情况充分告知后，产妇的第一个问题就是："我看网上说，打无痛针会影响宝宝的智力，是真的吗？"虽然我告诉她并不会，但是她和她的家属显然不完全相信，她的母亲甚至偷偷在一旁嘀咕："你们医生都只说好的。"最终他们拒绝了无痛分娩，产妇痛了足足 12 个小时，才终于生下宝宝。

其实打无痛分娩针是比较安全的。

首先，我们进行分娩镇痛麻醉，是在不影响产程和胎儿安全的前提下，严格地给予镇痛药物。无痛分娩过程中，麻醉师会在一旁观察产妇的情况，随时帮助调整药量。

而且，研究证明，椎管内镇痛对产妇和胎儿是安全的，药物注入的是硬膜外隙，并不会直接进入血液循环。无痛分娩时所用的药物剂量很小，只有剖宫产手术的十分之一到五分之一，进入母体血液、通过胎盘的概率微乎其微，几乎不会对胎儿造成影响。

另外，当人体感到严重疼痛的时候，会释放一种叫儿茶酚胺的物质，这种物质对产妇和胎儿都不好，可能会造成胎儿缺氧。所以，无痛分娩不仅可以减轻产妇的痛苦，还能降低胎儿缺氧的危险。万一出现意外情况需要紧急手术，接受了分娩镇痛的产妇就不需要再次打麻醉，医生可以争取更多的时间来处理突发情况。

打无痛分娩针会伤害产妇的身体吗

有的产妇不敢接受无痛分娩，因为担心会像传说的那样，"打了腰痛"。其实，无痛分娩并不会导致腰痛，进行麻醉的伤口很小，休息之后很快就会愈合，而产妇的腰痛大多是来自孕晚期胎儿的压迫、缺乏休息，以及错误的喂奶姿势。

还有传言说无痛分娩针会把人"打傻"，这更是无稽之谈。即使打了无痛针，大脑也根本不会被麻醉，仍然是清醒的，何来"打傻"一说？

打无痛分娩针需要麻醉，是有创伤的，的确存在引起术后并发症的风险，其中最常见的有这几类：

低血压和头痛，头痛多是自限性，休息几天一般都可以恢复；

神经损伤和头晕、尿潴留、恶心和呕吐等。

总体来看，只要是由有经验的麻醉师严格按照规范操作，出现严重并发症的概率还是比较低的，所以分娩镇痛仍然是一项比较安全的操作。

哪些人不适合无痛分娩

当然，不是所有的医院都会提供无痛分娩，也不是所有人都满足接受无痛分娩的条件，产妇的身体需要具备承受麻醉的能力，不存在麻醉的禁忌症，而且必须能经阴道分娩。椎管内肿瘤、凝血功能异常、颅内高压、心功能异常、骨盆变形等情况，都不适合选择无痛分娩。

无痛分娩并非没有缺点，在镇痛后，宫缩的强度可能会出现相应的下降，这就需要产妇全力配合医生和助产士——需要拼尽全力，才能把孩子生下来。如果产妇打了无痛分娩针就不知道怎么用劲儿了，可能会造成产程延长，甚至顺产转为剖宫产。

为什么在中国，推广无痛分娩那么难

宫缩到底有多痛？在许多影视作品中，分娩的场面无一不是如此：产妇披头散发、满头大汗、声嘶力竭。那种歇斯底里的痛苦来自一波又一波的宫缩。

每一个有过这种经历的女性都有自己的形容："就像肋骨断了还被人用铁锤砸""火烧一样，疼得想要爆炸""痛得想死"。作为医学上的 10 级疼痛，宫缩的疼痛程度仅次于大面积烧伤的剧痛和肝肾结石引发的绞痛，千百年来，中国女性就凭着一口做母亲的硬气，生生与疼痛对抗。

1853 年，英国女王维多利亚生育第八个孩子的时候，就吸入了氯仿来缓解生产的痛苦。然而在中国，2019 年国家卫健委发布的一组调查数据显示，2018 年度全国麻醉分娩镇痛的开展率为 16.45%。而据新华社 2017 年的报道，美国无痛分娩实施的比率大概为 85%，英国是 98%，加拿大是 86%。

无痛分娩在中国一直很难推广，阻力到底来自哪里？

首先，医生和麻醉师数量短缺，很多医院没有足够的人手来推广无痛分娩，这在很大程度上导致了无痛分娩的普及受阻。

其次，产妇和家属往往对无痛分娩不够了解，会产生不必要的恐慌情绪。

第三，很多人会有"花钱弄这个不划算"的陈旧观念。他们觉得："不就是生个孩子吗？以前没有这些不也照样生？"

曾有一次，一位产妇要求无痛分娩，我们告知了她的家属，但产妇的婆婆说什么也不同意，理由是打麻醉对大人孩子不好，再说生孩子谁不痛？不痛就不叫生孩子了。而她的老公一直在左右摇摆。最后产妇怒令老公立马签字，之后的产程中，产妇的情绪很放松，宫口开得很顺利，轻松地生下了宝宝。

我想无痛分娩，应该怎么做

如果想要接受无痛分娩，最好做足以下准备：

首先，你需要去医院提前了解，因为不是所有的医院都提供无痛分娩。不过好消息是，目前越来越多的医院正在努力推广这项技术，它在很多三甲医院中都比较普及。

如果你比较幸运，打算分娩的医院恰巧有这项服务，那么最好事先咨询清楚。如果能提前预约，可以在怀孕 38 周以后考虑预约。因为麻醉医师经常短缺，提前预约可以让麻醉医师有充分的时间来为你服务。

另外，如果你在整个孕期中坚持控制体重、均衡营养、适度锻炼、按时做产检，那么顺利生下孩子的概率也会更高。

随着社会的发展、医学的进步，各行各业都开始呼吁"人性化"的概念。分娩镇痛技术对所有被生产疼痛折磨的女性而言是一项伟大的发明。它让越来越多的人意识到，生孩子的疼痛并不是母亲必须经历的"伟大磨难"，更不应该成为评价一个母亲是否足够爱孩子、足够勇敢的标准。

很多女性对分娩的恐慌就源于疼痛，而分娩镇痛技术的推广也代表了医学和社会对女性的关怀和尊重。这何尝不是社会文明的进步？又何尝不是女性自我保护意识、对自身诉求重视程度的提高？毕竟，当许多女性心目中这件"最可怕的事"都不再那么可怕时，我们人生中经历的那些小小磨难就更不足为惧了。

参考资料：

1．国家卫生健康委员会编《2018 年国家医疗服务与质量安全报告》，科学技术文献出版社，2019 年

2.《我国"无痛分娩"比例不超过 10％》，新民晚报，http://xmwb.xinmin.cn/html/2017-09/15/content_11_1.htm

Part 9

药流和人流，哪个对身体伤害小?

作者｜飒姐

有一次，门诊来了一位脸色苍白的姑娘小晴，我看到她时，她正虚弱地躺在检查台上。我被她双腿间流出的巨大血块吓了一跳，一问之下，竟然是她自己在宿舍药流导致了大出血！经过紧急的清宫和治疗，小晴终于转危为安。

小晴告诉我，她和同样在上大学的男友偷尝禁果后不幸"中招"，眼看已经怀孕两个月，本来打算做人流的她，听信了学校附近黑药店老板"药流比人流安全，副作用小，自己吃药就不用去医院"的说法，购买了相关药物，在宿舍服用，结果大出血，要不是被及时送到医院，后果不堪设想。

生活中还有很多像小晴一样的女性，因为并不了解药流，对药流盲目信任，甚至是被一些黑心卖家蒙骗，购买了非正规渠道的药流药物，大胆地私自服用，却不知这看似安全的药流，随时可能危及生命。

到底什么是药流

药流，就是"药物流产"的简称，通过服用药物来达到终止妊娠的目的。药流使用的药物是米非司酮和米索前列醇。米非司酮会与黄体酮结合，让孕囊失去黄体酮的支持而无法继续生长发育，同时软化宫颈，为排出孕囊做准备。米索前列醇是前列腺素类的药物，可以诱发强烈的宫缩，从而把失去活性的孕囊排出体外，终止妊娠。

并非所有孕妇都可以进行药流，只有满足这些条件的才可以考虑：

妊娠天数在 49 天内，而且不是上节育环怀孕；

必须是宫内妊娠，宫外孕不可进行；

年龄必须在 40 岁以下，而且在最近三个月内没有接受过糖皮质激素治疗；

孕妇对所用米非司酮和米索前列醇药物不过敏，且没有心肺功能、肝肾功能的异常，没有哮喘、凝血功能异常、青光眼、肿瘤等疾病。

之所以有这些限制，是因为：

怀孕天数超过 49 天，孕囊过大会造成药流失败率上升，且风险增加。

宫腔内有节育环的女性无法药流，因为在强烈的宫缩下，节育环可能会嵌入或者扎破子宫。如果是宫外孕，那么进行药流很可能会诱发意外。

米索前列醇作为一种前列腺素类药物，如果被哮喘患者和对此药过敏者使用，很可能会造成哮喘发作，甚至引发过敏性休克。因为药流存在大出血的风险，所以有血液疾病、凝血功能异常和血栓病史的病人也不适用。

所以，药流还是有一定风险的。既然有这么多不适合做药流的情况，那么很多人都相信的"药流风险低，伤害要比人流小"是真的吗？

关于药流的说法，有多少是正确的

"药流没那么疼"

药流也会疼，"没那么疼"是针对非无痛人流的情况来说的。药流过程中宫缩的疼痛，相较普通人流刮宫的疼痛是会好受一些，但其实药流宫缩的过程也是比较疼痛的。有些对疼痛比较敏感的女性会痛得脸色发白，有的人还会出现恶心、呕吐、手脚冰凉的症状。此外，米索前列醇还可能导致腹泻。这些不适甚至会持续几天的时间。和无痛人流相比，药流并没有减轻疼痛的优势。

"药流不刮宫，对子宫伤害小"

这种说法的确有一定的道理，因为药流是依靠宫缩排出孕囊，没有进入宫腔进行手术操作。然而"不刮宫"的前提是药流一次流干净，宫腔里面没有残留的孕囊。

要知道，药流的成功率相对于人流来说并不算高，最多也只有75%—80%。也就是说，万一药流没有流干净，再去清宫，那么跟做人流手术也就没有太大区别了。

很多女性都是在药流出血淋漓不尽之后去检查，才发现自己没流干净。这样折腾了一圈，流了好多天的血，还承担着感染的风险，结果到头来还是要清宫，受二茬罪。

"药流方便，自己在家吃药就行了"

千万不要自己在家随便进行药流！

几乎每年，我们都会遇到因为自己在家随便吃药，结果引发大出血，差点丢了性命甚至真的丢了性命的病例，前文提到的小晴只是其中一个。她大出血的原因就是孕囊卡在了宫颈口，导致子宫无法正常收缩，所以一直出血，幸运的是她在休克前被送到医院进行了紧急清宫，止住了血。

试想一下，要是我们自己在家药流的时候，出现了这种凶险的情况，身边又没有其他人，会导致什么后果？

药物流产，按照规定必须在能够进行清宫和输血的门诊或者医院里面进行，最多可以把米非司酮带回家吃，但是医生会要求病人必须回到医院吃米索前列醇，孕囊顺利排出后，还要观察两个小时，看看出血量是否正常。

药流和人流，应该怎么选择

如果怀孕的天数尚少，而且本身并没有药流的禁忌症，那么可以考虑药流。

不过，虽然药流相对人流来说的确伤害较小，但选择药流，也同样意味着你需要承担流产失败的风险，如果运气不好，那么可能需要二次清宫。

如果怀孕天数处于药流上限的边界，或者已经超过了药流允许的时间，那么建议你考虑相对来说成功率更高一些的人流手术。

什么是无痛人流

无痛人流，是在全麻的情况下进行的人流手术，适合 10 周以内的妊娠。麻醉师会先为你进行静脉麻醉，让你睡着，然后让一根管子进入宫腔，吸出孕囊，终止妊娠。和药流相比，人流时间短，操作快捷。

无痛人流在手术的过程中的确无痛，因为你处在麻醉的状态下，不会感觉到疼痛，但是麻药的作用过去以后，仍然会有小腹坠痛、酸痛的不适感。虽然无痛人流的痛感减少了，但带给病人的风险和伤害并没有减少。在无痛的状态下，医生无法观察病人的反应，全凭手感，这就可能造成过度刮宫和子宫穿孔的意外风险。如果不加注意，短时间内多次接受人流手术，有可能会损伤子宫内膜的基底层，导致月经减少、宫腔粘连，甚至影响以后的生育。

很多不正规的医院和黑诊所都把无痛人流看作快速来钱的工具，甚至以此制造恐慌，在人流手术前后，骗你做一些所谓的"治疗"来"保宫"。这些医生的技术和手术环境都不过关，很容易出现意外，所以为了保险，看起来简单的人流手术也一定要选择在正规的医院做。

不管是药流还是人流，术后都需要努力做到以下几项，以便更好地恢复：

谨遵医嘱，老老实实吃药

无论药流还是人流，结束后都需要进行常规抗感染，可以口服抗生素 5 天左右，预防宫腔粘连。

避免剧烈运动，多注意休息

虽然药流和人流都不需要术后绝对卧床，但是"上午流产，下午逛街"的说法纯属夸张。身体遭受创伤以后需要好好休养生息，可以进行必要的日常活动，但一定不要逞强，量力而为。

注意个人卫生，洗澡尽量淋浴

出血期间严禁性生活，最好等复查没问题以后再恢复同房。即使是流产后当月，也一定要做好避孕措施。

注意营养均衡

无论药流还是人流，都难免会有出血，可以多摄入一些营养丰富、容易消化的食物。贫血的女性可以多吃一些红肉，比如猪肉、牛肉，或者吃点动物血。这些食物含铁丰富，可以帮助改善缺铁性贫血。同时注意搭配蔬菜水果，摄入充足的维生素。

调整好自己的心情

不要因为经历了流产而背上沉重的包袱，更不要因此自暴自弃，对未来丧失信心。需要清楚的是，药流和人流都伴有难以避免的风险和伤害，因此，从根本上规避风险和伤害很重要，也就是要好好避孕。做好避孕，坚持避孕，才不会让自己面临药流或人流的伤害。

总结教训，整理心情重新出发，做好避孕，更爱自己，才是正确的选择。

CHAPTER

02

双重陷阱：

网络带来了新型伤害

Part 1

在网上被人诬陷，该如何维权？

作者 | 小杨（公众号"女孩别怕"编辑）

过去，抹黑别人是私下说坏话；现在，抹黑发展成了在网上肆无忌惮地诋毁，匿名说、开小号说，甚至恶意造谣别人。这类事情多得数都数不过来，大家可能会认为清者自清，没法子追究，可实际上，在网上遭遇抹黑或者诬陷是可以维权的。

2016 年 7 月，两个微博大号因谣传"高晓松和郑爽在一起了"，被高晓松告上了法庭。结果，这两个微博大号不仅被判处要连续数日公开发微博道歉，还要赔偿高晓松 123 568 元。这简直是一次教科书式的维权。

如何用法律维权

要维权，首先得保存好证据，尤其是发在网上的内容，不要对方一删掉就无法证实了。别觉得取证很简单，截个图就好了，事实上，截图类的证据因为很容易涂改，在法庭上反而可信度不高。可信度最高的证据，是去公证处取得的合法证据。

基本上，我国每个市或县都有公证处，收费标准各地不一样，具体情况可以打电话到当地的公证处咨询。

比如高晓松的案子，如果他或者他的律师去公证，公证员会用专用手机通过流量登录专用的微博，找到那条谣言微博，同时对这一系列的步骤拍照、截屏，然后制作公证书。

如果嫌去一趟公证处太麻烦，或者担心抹黑的帖子很快会被发布者删掉，那也可以选择更方便的互联网公证，比如百度取证。只要注册账号进入百度取证页面，把谣言页面的网址粘贴进去，过几分钟就能搞定。百度取证有在线出证服务，非常方便。

曾经有律师在知乎上分享过百度取证的使用经验，用它将网页技术性固定后，支付公证费，几天后就能拿到纸质公证书。

如果时间紧迫，可以用这种互联网取证的方法，以免网页被删掉。

保存好证据，接着就要找到抹黑你的人。如果你知道发谣言的微博 ID，却不知道微博背后的人是谁，在微博上直接质问后对方也没有说出身份，这时候，你可以起诉微博平台，通过平台取得发谣言者的真实身份。

很多人认为维权性价比低，耗时耗力，律师收费又贵，最后还不知道能不能赢，不如就算了吧。可实际上，一旦维权成功，你打官司的几乎所有费用都可以由对方承担。在高晓松的案子中，两个微博大号总共赔偿了他 1 万多元公证费、4 万元律师费，以及 7 万元精神损害抚慰金。同样，我们也无须太过担心维权会消耗时间——此类案件大多不会走到上法庭这一步，多数会在庭外和解。

如何将不良影响降到最低

要降低谣言和诬陷带来的影响，首先要找到泄露信息的平台，搞清楚自己被泄露了哪些信息。如果被人泄露了电话和微信号码，那就把微信暂时设置为拒绝添加新好友，同时不接陌生电话或者换个手机号。

不过，要想彻底不被继续骚扰，就需要删掉你被泄露的个人信息。有两条路：一是联系网站删除，二是找网警删除。

联系网站删除

网站和 App 都有意见反馈渠道，你也可以找到平台的官方微博、微信、客服，要求他们尽快删除掉你被泄露的个人信息和被抹黑的页面，以防被更多的人看到。同时投诉发布信息的账号，要求网站给出处理结果。

如果沟通无效，平台不愿删帖，可以去法院起诉，强制平台删除。高晓松一方就把新浪微博一起告了，以确保造谣微博被删掉。

找网警删除

不要去派出所找片区民警，而是要打 110 找当地网警，或者上网搜索当地网监大队的地址直接上门，请网警删帖。除了删帖，网警还可以对抹黑你的人进行拘留和罚款。

根据《治安管理处罚法》第四十二条，有下列行为之一的，处 5 日以下拘留或者 500 元以下罚款；情节较重的，处 5 日以上 10 日以下拘留，可以并处 500 元以下罚款：

（一）写恐吓信或者以其他方法威胁他人人身安全的；

（二）公然侮辱他人或者捏造事实诽谤他人的；

（三）捏造事实诬告陷害他人，企图使他人受到刑事追究或者受到治安管理处罚的；

（四）对证人及其近亲属进行威胁、侮辱、殴打或者打击报复的；

（五）多次发送淫秽、侮辱、恐吓或者其他信息，干扰他人正常生活的；

（六）偷窥、偷拍、窃听、散布他人隐私的。

另外，根据《中华人民共和国刑法》第二百四十六条，以暴力或者其他方法公然侮辱他人或者捏造事实诽谤他人，情节严重的，处3年以下有期徒刑、拘役、管制或者剥夺政治权利。

最高人民法院、最高人民检察院《关于办理利用信息网络实施诽谤等刑事案件适用法律若干问题的解释》，对办理利用信息网络实施诽谤、寻衅滋事、敲诈勒索、非法经营等刑事案件适用法律的若干问题解释如下：

第一条　具有下列情形之一的，应当认定为刑法第二百四十六条第一款规定的"捏造事实诽谤他人"：

（一）捏造损害他人名誉的事实，在信息网络上散布，或者组织、指使人员在信息网络上散布的；

（二）将信息网络上涉及他人的原始信息内容篡改为损害他人名誉的事实，在信息网络上散布，或者组织、指使人员在信息网络上散布的；

明知是捏造的损害他人名誉的事实，在信息网络上散布，情节恶劣的，以"捏造事实诽谤他人"论。

第二条　利用信息网络诽谤他人，具有下列情形之一的，应当认定为刑法第二百四十六条第一款规定的"情节严重"：

（一）同一诽谤信息实际被点击、浏览次数达到五千次以上，或者被转发次数达到五百次以上的；

（二）造成被害人或者其近亲属精神失常、自残、自杀等严重后果的；

……

需要特别注意，我们要先保存好证据再联系删帖。根据《刑法》中的规定，如果自诉人提供证据有困难，可以向人民法院申请帮忙调取证据。

此外，还可以在起诉时写清诉求，让抹黑你的人公开道歉澄清。

如何让对方以后都不再抹黑你

遇到此类问题，不相信法律的人或许会认为用其他手段解决更好，比如找黑客删帖、泄露抹黑人的信息，还有人会不堪抹黑者的胁迫主动寻求私了。然而，这些处理方式不仅无法彻底根除问题，还可能会让你受到二次伤害。

网上有很多自称能帮忙删帖的"黑客"，你根本无法分辨他们是假是真——是假，你不仅没解决问题还会被骗钱；是真，也没法彻底阻止抹黑你的人继续发帖。

至于泄露抹黑你的人的信息，也只能是拼个鱼死网破、两败俱伤，问题仍然没得到解决。而私了则更是无底深渊，一旦答应对方的胁迫，就可能会引来对方无休止的索取。

如果不用法律手段让对方吃点苦头，即使对方删了帖，也还是会有个不定时炸弹埋在你身边，随时给你更大的伤害。

想要别人不再抹黑你，好好说话是不够的，必须用法律给对方实质的教训。高晓松的案子正是一个例子，那些想要乱发谣言抹黑名人的人，在此案之后，都会在发声之前先掂量掂量。

在网络上碰到诬陷抹黑你的人，千万别退缩，越退缩，对方就越会得寸进尺。也别怕麻烦，不要觉得多一事不如少一事，只有正视并在乎这个问题，积极去维权，才能真正帮到自己。

参考资料：

1.《高晓松起诉新浪微博用户侵犯名誉权案一审宣判》，中国法院网，https://www.chinacourt.org/article/detail/2017/03/id/2651189.shtml

2.《微信群里被骂也能依法索赔》，三湘都市报，http://epaper.voc.com.cn/sxdsb/html/2017-05/03/content_1208977.htm?div=-1

3.《高晓松起诉营销号，一场教科书式的维权》，知乎，https://zhuanlan.zhihu.com/p/26100811

4.《记一次成功的公众号维权》，知乎，https://zhuanlan.zhihu.com/p/26519539

Part 2

朋友圈照片的恶意盗用

作者｜小北（自由撰稿人）

被征婚、被买家秀……

结婚 20 年的林女士莫名其妙地"被征婚"了。林女士的先生下班回家后就冲她发火，细问才知道，是有朋友在相亲网站上看到了林女士的照片，个人资料一栏还写着"离异"。原来是林女士的个人信息和照片被盗用了。

有记者实测过，在不少相亲网站和 App 上，只要上传一张照片，再胡乱填上名字、职业和薪酬信息，就可以完成注册。不法分子正是利用这些漏洞，先注册，再打着相亲的幌子实施诈骗。网络时代晒照普遍，盗用照片也同样普遍，而被盗取的照片除了征婚诈骗，还常被用在更多的非法活动中。

我们发在微信朋友圈、微博、贴吧等网络社区的生活照，有可能会被居心不良的人拿去，处理一下，摇身一变成了"买家秀"。很多健身减肥达人的生活照，也经常被盗用，出现在减肥广告里。某演员被查出乳腺癌，做了左乳切除后，给胸前的疤痕拍过一组照片，发到朋友圈以鼓励像她一样与病魔斗争的患者。结果，这组照片被盗用，做成了整形内衣、美胸仪器和文胸的广告图。为了诱导消费，黑心的商人还在广告词里添油加醋，把这位演员患癌的原因归结为没有使用自家的产品。

"高仿"骗局

有的骗子会用你的生活照在微博上做出一个"高仿的你"，再向你的微博好友"伸手要钱"。张惠就被一个好友的"高仿号"骗走了上万元。某天，她收到一位朋友"MissX小姐"的微博私信："能帮我在国内打个电话吗？我在国外打不了，国际漫游被限制了。"印象中，MissX小姐确实人在国外，最近还发了在罗马游玩的照片，所以张惠没多想就答应了。接着对方发来一个号码，要她给某航空公司的骆经理打电话，确认从罗马飞往广州的两张机票订好了没有。张惠打通了骆经理的电话，却被告知机票还未付款，一共 13 900 元。

她私信告诉 MissX 小姐这个情况后，MissX 小姐发来一张转账截图，说自己刚给张惠转了机票钱。

张惠查了下，发现没收到钱，以为是系统延迟导致的。怕朋友着急，她将 13 900 元打进了骆经理的银行账户。直到晚上，张惠都没收到钱，再次翻开微博，才发觉自己上当了——这个人的 ID 是"MizX 小姐"，并不是好友"MissX小姐"，但除此之外，两人的头像、简介和近期微博都一模一样，很容易被错认成一个人。

盗照片的案例屡屡被曝光，不禁让人好奇：不法分子是如何盗取照片的？难道是主动搜索某个人的微博，然后把照片一张张存下来吗？

带着这个问题，我调查了网上的生活照贩卖者。随着调查的深入，一条生活照贩卖的黑色产业链也渐渐浮出水面。

生活照贩卖的黑色产业链

很多人得知自己"被高仿"后都会感到意外：我不是明星也不是网红，怎么就被盯上了？但从骗子的角度来看，你的微博中有多少可以用于诈骗的素材才是他们真正关注的。真实又平常的生活照，就是假冒一个人最好的素材。

生活照贩卖早已催生出了专业化的产业链，有卖家专门负责批量下载生活照，做成套图，打包出售，而下游的买家基于人物剧本，给照片的主人打造全方位的虚拟身份，实现营销引流或诈骗的目的。我在一些网络平台上搜索，很快就找到了多个生活照卖家。出售生活照的商家很多，为了躲避平台监管，他们通常会进行私下交易。

这些打包出售的生活照，一小部分用于个人消费，而绝大部分被输送到黑色产业链下游。

隶属《南方都市报》的"南都个人信息保护研究中心"，曾在文章中描述这一过程：

> 黑产人员会伪装成一个虚拟的人物，在聊天过程中，发送套图里的生活照等给受害人，使对方以为自己是美女。获取信任后，再通过各种手段进行诈骗，比如讨要红包、推荐股票、贩卖色情视频等。

为了塑造一个真实的美女形象，生活照贩卖商提供了一系列配套服务：

去水印

有的商家会提供图片、视频的编辑处理服务。无论图片什么来源，都可以抹去水印、编辑裁剪，甚至可以个性化定制。所谓定制，即根据客户的特殊要求，寻找合适的照片并抹去来源。

配文案

有的商家出售的每张图片都标有参考日期和文案，方便客户用来发朋友圈。比如，某商家的套图中，在校学生和成熟女性配的文案就不同，前者比较软萌，后者则更高冷。

女声配音

为了让角色更逼真，有的商家提供了变声软件。哪怕对方要求发语音、打电话、连麦，角色也可以一直演下去；哪怕是个"抠脚大汉"，照样可以发出迷死人的女神音。如果担心变声效果不真实，人设立不住，商家还提供女声配音服务。也就是说，无论对方要什么内容，商家都会找女性一句一句地录制，然后做成声音文件发过去。

打造真人剧本

为了充分模拟真人操作，那些黑市上最"高级"的玩家，手里还有一套成文的剧本。甘肃警方曾破获一起特大网络诈骗案，79人的团伙，以"美女卖茶叶"为幌子，批量添加好友，诈骗总金额高达200多万元。

有的诈骗团伙还制作了多个不同的诈骗剧本，有"遭遇失恋后帮外公炒茶叶"的"爱心茶"版本，有"亲生母亲去世，与继母争夺茶庄经营权"的"茶庄茶"版本，还有"自己过生日，要礼物、要红包"的"生日茶"版本。另外，还有专门针对女性开办的男性账号，发一些小鲜肉照片，配上积极向上的文案，借此接近女性、诈取钱财。

多个微信，群控系统

不仅如此，这些预先设计好的剧本和台词可以借助群控系统，由计算机自动批量完成。

所谓群控系统，简单地说，就是通过一台群控设备控制无数台手机，同时和上百人聊天，发布上万条信息。有了它，只要在一台电脑上发出"查找附近的人"、"添加好友"或"发出聊天问候"等指令，就可以让无数台手机执行操作。

虽然技术便利了生活，却也降低了犯罪成本。在这种花几块钱即可购买几千张生活照的网络环境里，我们的生活点滴几乎暴露于光天化日之下。

因此，事先避免生活照泄露很重要。在社交平台上发布涉及隐私和日常生活的照片要适度，还可以采取一些自我保护措施，比如给朋友圈分组、对陌生人不显示朋友圈、减少被添加好友的渠道等，避免不法分子的恶意盗用。

参考资料：

1.《有人用你朋友圈的照片月入百万，她却是个抠脚大汉》，一本黑，https://mp.weixin.qq.com/s/qBv11nFD_3bWlkwlRcfeTQ

2.《个人照片遭公开售卖：被盗图者频遭骚扰无计可施》，中国新闻网，http://www.chinanews.com/sh/2018/05-26/8523163.shtml

3.《女子天天发自拍照：照片成微信招嫖广告》，快科技，http://news.mydrivers.com/1/432/432438.htm

4.《微信好友别乱加，小心"李鬼"盗微信头像昵称骗钱》，华龙网，http://news.cqnews.net/html/2016-12/08/content_39784008.htm

5.《微博"高仿号"成诈骗新手段》，中青在线，http://zqb.cyol.com/html/2017-11/17/nw.D110000zgqnb_20171117_7-02.htm

6.《提醒！朋友圈发照片要小心！你的私照很有可能在网上被出售！》，央视网，https://mp.weixin.qq.com/s/ZclZM3TFrvetBSQS8E6ZgQ

7.《女大学生交友软件上被"遇到"！男友试探，聊天记录不忍直视》，南方都市报，https://mp.weixin.qq.com/s/wA1Pcjlf9wK-Q0eA-r1G7Q

8.《女子患乳癌后切除单边乳房，自拍照遭多家微商利用做营销》，澎湃新闻，https://www.thepaper.cn/newsDetail_forward_2130360

9.《多地出现"卖茶叶"网络骗局》，北京青年报，http://epaper.ynet.com/html/2018-07/17/content_296186.htm?div=-1

Part 3

如何带着取证的意识，收集录音证据？

作者 | 田静

在热门美剧《大小谎言》第二季中，Celeste（西莱丝特）无意间发现了一段孩子偷偷拍摄的小视频，内容是已故的丈夫对自己动手施暴。拥有律师执照的 Celeste 将该视频送呈法庭，它后来在回击婆婆争夺 Celeste 两个孩子抚养权的官司中起到了关键的作用。

白纸黑字是证据，人人都知道。那么在智能手机普及的当下，还有哪些常见的证据形式？

我们可以了解一下我国法律认可的合法证据有哪些，如果不幸卷入合同纠纷、财产纠纷、离婚纠纷等，就可以正确有效地应对。

《中华人民共和国民事诉讼法》（2017 修正）

第六章　证据

第六十三条　证据包括：（一）当事人的陈述；（二）书证；（三）物证；（四）视听资料；（五）电子数据；（六）证人证言；（七）鉴定意见；（八）勘验笔录。证据必须查证属实，才能作为认定事实的根据。

2007 年 4 月，杨玲给再婚的妈妈买了一套房子，希望她能和老伴一起安享晚年。没过多久，杨玲的妈妈和继父一起逛街时遭遇了车祸，妈妈当场死亡，继父却毫发无伤。

分配完肇事者的赔偿金后，杨玲的继父打起了房子的主意。杨玲的妈妈已经去世，而杨玲买房时用的是现金，一次性支付全款，所以没办法提供自己买房的直接证据。抓住这一点，继父和继父的家人坚持说房子是他们买的。

无奈之下，杨玲将对方告上法庭，并出示了录音证据。录音里，继父大声地说："房子是你买的又怎么样？你没有证据，房子我们要定了。"

正是因为这句话，继父的谎言不攻自破，法庭把房子判给了杨玲。

随着电子产品的全面普及和升级，可用于录音、录像的设备越来越多，收集视听资料证据相对方便。而在视听资料中，大众最有可能用到的证据之一就是电话录音。

电话录音能当证据，但并非随便一段都可以。作为证据的录音要符合一些条件。

什么样的电话录音可以被判定为合法证据

取得源头和手段合法

《最高人民法院关于民事诉讼证据的若干规定》

第八十七条　审判人员对单一证据可以从下列方面进行审核认定：

（一）证据是否为原件、原物，复制件、复制品与原件、原物是否相符；

（二）证据与本案事实是否相关；

（三）证据的形式、来源是否符合法律规定；

（四）证据的内容是否真实；

（五）证人或者提供证据的人与当事人有无利害关系。

第八十八条　审判人员对案件的全部证据，应当从各证据与案件事实的关联程度、各证据之间的联系等方面进行综合审查判断。

根据上述规定第八十七条第三款，在保证录音内容真实的前提下，用合法方式录制的音频文件才可以当作证据。一般情况下，用电话录音、在公众场合录音等是合法的，而在隐私场所录音（如在别人家里偷放录音笔等）是不合法的。

但在现实情况中，很多录音可能都是在对方不知情的情况下偷录的，这样的录音合法吗？

这就要分三种情况：

在双方面对面交谈或打电话时录音，即便不告诉对方，录音也是合法有效的；

把录音笔等设备打开，偷藏在别人家里或工作的地方，过段时间再取回来，这样的录音是不合法的；

使用威胁、恐吓等非法手段取得的录音，是不合法的。

有其他证据佐证

除了取得录音的手段需要合法外，还要有其他证据和录音相互证明，形成一条完整的证据链。如果只有录音，可能存在的败诉风险将由举证方承担。

"你是不是外边有人了？"刘女士拿着丈夫的手机质问他，"我和你结婚 18 年了，你怎么能这么对我！"

一个月前，李女士突然觉得丈夫变了，先是改了手机密码，接着电话和短信也多了起来。更让李女士没想到的是，丈夫突然提出离婚。

因为没有能够证明丈夫有婚外情的证据，如果同意离婚，李女士很难要求丈夫承担过错，自己也无法获得赔偿。于是她咨询了律师，律师建议录音取证。

回家后，李女士给家里的固定电话安装了录音设备，录下了丈夫与第三者间的几百次通话，还在家里找到了丈夫和第三者往来的十几封书信及合影。

随后，李女士主动向法院提起离婚诉讼。在大量的证据面前，丈夫不得不承认自己的过错。最后法院判双方离婚，李女士分到了三分之二的共同财产。

如何录音取证

录音取证时，由于当事人缺乏经验，可能会造成录音内容不清楚，致使经由合法途径取得的录音证据也无法被采信。因此在录音取证时，需注意以下几点。

录音前须知
1.录音时间要趁早，最好在起诉前

越早录音，取证对象就越没有防备。刚开始交涉时，对方一般不会歪曲事实，这时候取得的录音价值最大。

2. 尽量选在安静、不被干扰的地方录音

录音内容一定要清晰，如果因为地铁报站声太大或信号不好，错过了那句关键的话，就算你扯着脖子大喊"再说一遍！"往往也没有用了。嘈杂的环境不仅会影响录音质量，更会影响双方的心情。

3. 选择合适的录音软件

装有安卓系统的手机，可以边打电话边录音，只需在通话界面点击"录音"键即可。

苹果手机没有自带的通话录音软件，可以下载移动公证录音专业版 App，进行录音。这个软件不仅能在通话时录音，还可以在线出具公证书，录音具备法律效力。需要注意的是，这个软件是收费的，用它录音前要记得先查看余额。

录音时注意

1. 说话语气

打电话时，语气要自然，别太着急，也不要咄咄逼人。要像平时一样，千万别让对方察觉出异常。一旦对方有所警觉，就会影响录音取证的效果。

2. 谈话内容

录音取证，就是要诱导对方说出事情的经过，交谈时要特别注意以下几点：

（1）称呼

打电话时，先把事发时间和相关人物的名字说出来。

（2）问题

提前想好要问对方的问题，最好能和其他证据相互印证。

比如，有人借钱不还，你手里有对方写的借条或转账记录，就可以说："徐浪，咱们那个钱，你什么时候还我啊？"或是："徐浪，2013年借的钱，到现在很长时间了，咱们得聊一下了。"

如果对方打马虎眼，可以接着说："不是吧，我这儿还留着当时你给我写的借条（或当时的聊天记录和转账单）呢。"用以上方式开头，然后根据自己的实际情况一步步引导对方承认借钱这件事。

（3）态度

控制好自己的态度。就算对方说的话不好听，也要深吸一口气，平静下来，记住讨论的重点始终是说清楚事情。如果对方态度恶劣，甚至开始飙"三字经"，也不要对骂，可以试着说："你先别急，咱们先把这件事说清楚，看看怎么能妥善地解决。"

3. 交谈时间

录音的时间不宜过长。法庭上时间有限，如果录音时间太长，庭上只播放一部分，可能会影响录音证据的整体效果。另外，如果交谈时间太长，双方的注意力可能会从事件本身跑到争论谁对谁错上，浪费时间和精力。

4. 公证录音

如果不放心，可以去公证处，在公证人员面前打电话并录音。各地都有公证处，收费标准不一样。录音过程和结果经过公证，更能确保其法律效力。

录音后须知

拿到录音并不意味着万事大吉，要注意：

1. 保留原始的录音资料

不要为了突出重点剪辑录音，经过剪辑的录音法庭一般不会采信。

2. 向法院提交完整的录音资料

把录音文件刻成盘递交给法院，同时还要提供相应的文字版资料，缺一不可。

由于每个案子的实际情况不同，没有录音取证的"万能套路"。如果遇到纠纷需要录音取证，可以参照以上的建议，或是找一个专业的律师，请律师帮忙分析。

录音取证，有点与人斗智斗勇的感觉。不管是起诉前录音，还是起诉后录音，关键是要有录音取证的意识，知道可以用录音来保障自己的权益。

参考资料：

《偷录的录音证据是否有效？只需做到以下 4 点，建议收藏》，搜狐新闻，https://www.sohu.com/a/280198616_120015593

夜跑安全指南

作者 | 田静

夜跑是很流行的运动方式，很多上班族都希望通过夜跑来锻炼身体，尤其在夏天，夜跑人数会与日俱增。很多女性想通过夜跑减肥，但又担心夜间安全问题。

作为一个有 4 年夜跑经验的人，我和在某运动 App 工作的资深跑友、我的朋友闫冬，一起整理出了这份夜跑安全指南，供大家参考。

跑前准备

穿带反光条的运动装

选择舒适、透气的运动装。晚上光线暗，服饰上最好带反光条，或佩戴 LED 小装饰，让路上的行人和司机能看到你。

手机随身带，贵重物品放家里

手机、紧急救助卡、小手电等，都是夜跑必备物品。大量现金或银行卡、首饰等贵重物品，夜跑时则不建议随身携带。

紧急救助卡上的信息应包括跑步者的姓名、血型、紧急联系人电话，还可以写出过敏史等医疗信息，这样万一在跑步中发生意外，可以方便他人第一时间进行救助。

规划几条路线，时不时更换

规划夜跑时，要选择熟悉的路线，有监控、路灯、人流为宜。学校操场、有人管理的公园（如北京奥林匹克森林公园南园、上海世纪公园、广州海心沙公园等）都是较好的夜跑场所。

在公路边跑步时，尽量避免路况复杂、车流较多较快的路线。

记得要不定期换一换路线，不按套路出牌就不会让坏人有机下手。

根据天气、身体状况，量力而跑

遇上雾霾、阴雨等恶劣天气，或身体不适的情况，建议停跑。

提前下载运动 App，方便家人随时找到你

有些运动 App 不但能记录跑步数据，还能将跑步者的实时位置通过微信分享给家人朋友。这样可以方便家人随时了解跑步者的动态，万一发生危险，警方也能通过 App 分享的位置第一时间赶往现场。

结伴组团跑，保护好隐私

结伴或组团夜跑，能提高夜跑的安全性。可以在贴吧、微信、QQ 群以及运动软件的约跑论坛里就近加入跑团，多个伴儿多份安心。

不过，也要提防跑团中居心不良的人，不要轻易向陌生跑友透露个人信息。养狗的话也可以考虑带狗一起跑。

好好热身，做好准备

好好热身，准备起跑！如果不清楚热身方法，可以去运动 App 里查找标准教程。

跑时注意

尽量不要和机动车共用一条车道。在马路边跑时，记住迎着车，让司机能看到你，并不时用余光观察前后方的车辆情况。

夜跑时要好好看路，不要自拍玩手机，抬高腿迈开步，以防被绊倒。

跑步期间如果想听音乐，请将耳机音量调小或只戴一边的耳机，对外界环境保持警觉。

若发现被人尾随，一定要快速跑向繁华路段，确认甩掉可疑人物后迅速回家，并在下次夜跑前调整路线。遇到有人搭讪，要多留个心眼，别留下任何个人信息，找机会迅速跑走。小心驶得万年船。

夜跑时尽量保持均匀的运动节奏，强度以微微出汗为好，切忌大汗淋漓，避免神经过于兴奋影响睡眠。

跑后牢记

跑完不要突然停下
疾跑骤停很容易加重心脏负荷，引起身体不适。跑步快结束时要逐渐放慢步伐，回家后记得拉伸。

分享轨迹要慎重
跑完之后，使用运动 App 记录的跑步轨迹最好不要分享到微博、朋友圈等社交平台，小心夜跑路线被不怀好意的人盯上。如果特别想分享，至少也别在社交平台上贴出完整路线。

参考资料：

1.《中国留德女学生夜跑失踪，疑遭连环杀手奸杀弃尸》，中国新闻网，http://www.chinanews.com/hr/2016/05-16/7871293.shtml

2.《夜跑有哪些注意事项？》，知乎，https://zhuanlan.zhihu.com/p/25336901

3.《夜跑时有哪些自我保护的措施？》，知乎，https://www.zhihu.com/ question/36714534/ answer/68735671

Part 5

音乐节防骚扰须知

作者 | 田静

音乐节是一个欢乐的场合，本该充满美好的旋律与互动，但不少女生表示，有过在音乐节上被性骚扰的经历。

英国舆观调查公司 2018 年的一项问卷调查显示，有将近 43% 的 40 岁以下女性在音乐节上被性骚扰过，而其中只有 2% 的女性选择报警。更让人惊讶的是，这项调查显示，有将近 70% 的女性担心自己会在音乐节上被性侵。

这些数据令人震惊，音乐节上的女性安全问题确实存在。我们经常能在音乐节前看到各种各样的观光攻略，却很少能看到相关的安全指南，关于预防和应对性骚扰的指南更是几乎没有。

因此，我决定写一篇音乐节安全指南，希望每一位女性都可以没有恐惧，享受音乐。

发生在音乐节中的性骚扰

星星是音乐节中的性骚扰受害者。她第一次参加音乐节，轮到喜欢的乐队演出时，她激动地钻进了疯狂的乐迷堆里。没过一会儿，她就有种异样的感觉：有个男人一直在她身后蹭来蹭去。星星觉得这么多人，对方一定是无心的，但直到她从人群中离开，发现自己衣服上的精液，这才意识到自己遇到了音乐节上的"顶射一族"。

丫布是个老摇滚乐迷，她喜欢的音乐节，几乎每场都没有落下。音乐节的路线、观看演出的时间，种种必备技能她都游刃有余。对她来说，音乐节更像是繁忙工作之外的精神寄托。事情发生的那一天，她像往常一样，冲到了人群的最前面，在演出高潮时爬上"铁马"，仰面跃进了人群。然而这一次，"跳水"失控了。当她被人浪托举着前行的时候，一只手狠狠地捏了她的屁股，接着她的上衣被人掀开，有人撕扯她的内衣。她试图从人群之上跳下来，却被翻了个面，陷入了更大的麻烦。

音乐节上的女性安全事件远不止这一两例。群体聚集给了坏人集中下手的绝好机会，但不少主办方对女性遭遇性骚扰的事闭口不谈，这不是因为事态不够恶劣，而恰恰是因为他们觉得这类事情的恶劣程度要比偷窃更可怕，担心会影响音乐节的声誉，于是选择沉默。另一个原因是，多数音乐节仍然是以男性为主导的狂欢活动。从音乐节的主要负责人到乐队乐手，男性占据着这项娱乐活动的主流，这也导致了在策划这类活动时，主办方很少会考虑到女性参与者的安全。

内心猥琐、不怀好意的人，我们可能无法消灭，但我们不应该默不作声。在世界各地，音乐节性骚扰都严重威胁着女性观众的人身安全。在人群中保护好自己，至关重要。

如何预防咸猪手

遭遇咸猪手不要马上回头

音乐节现场人非常多，什么样的人都可能潜伏在你身边。如果你正在遭受性骚扰，身边人又拥挤在一起，不要着急回头。确定有人对你造成了侵犯，要先抓住他的手，这样才不会让坏人消失在人群中。

"跳水"请谨慎，如果跳，尽量别穿裙子

音乐节"跳水"时，现场非常混乱，大家的状态很嗨，盲目去托举落下的人，很可能会不小心碰到女生的身体。

当你不太了解现场时，尽量不要选择"跳水"。如果真的想玩，最好穿合适的衣服，避免自己落入危险。这并非是说"穿得少就活该被性骚扰"，而是希望女孩在大环境下尽量选择对自己有利的方式，确保自身安全。

绝不忍气吞声

很多人遭遇性骚扰后，往往选择忍耐，但正是这样，我们才纵容了坏人。在音乐节现场遇到性骚扰，可以主动反抗，如果仅靠自己力量悬殊，不妨向身边的人求助。

结伴同行

性骚扰者通常会选择对音乐节不熟悉、看起来好欺负的女孩下手，落单的女孩也很容易成为坏人的目标。如果要参加音乐节，可

以叫上男友或者闺密，和伙伴一起去，会大大降低坏人对你下手的概率。即使不幸遭受危险，身边有朋友，也方便及时求助。

参加音乐节还需要注意什么

防偷盗意识

音乐节上的盗贼多是团伙作案，七八人成群，佯装成摇滚乐迷，混进人群。当人群突然开始骚动，极有可能就是小偷在故意制造混乱，寻找下手的机会。

偷盗往往发生在你准备 pogo[1]、手机刚刚塞进裤兜的一瞬间，因此，要保证手机时刻在自己手里。可以穿带拉链兜或者内兜的衣服，放置手机会更安全。

如果随身带了贵重物品，可以寄放在音乐节指定存物处。需要注意的是，最后一天音乐节的志愿者往往会提前离场，所以需要看好时间提早取回自己的物品。

交通安排

国内的音乐节举办地点一般都在郊区，如果选择自驾前往，一定要提前看好路线，安排好时间，避免路上拥堵，错过心爱乐队的演出。

音乐节主办方通常会安排市区往返音乐节现场的大巴，建议关注音乐节官方平台，第一时间掌握现场大巴的搭乘地点和班次安排。一定要注意回程大巴的时间——音乐节结束后，现场几乎打不到车，如

1　pogo：音乐节上常见的集体动作，乐迷们跟着音乐节奏像弹簧一样上下跳跃，会发生碰撞和小范围身体接触。（本书脚注如无特别说明，均为作者注。）

果演出结束后你没赶上大巴，可能就要滞留现场，等待一两个小时以后的下一班。

如果选择乘坐其他公共交通工具，可以提前查好站点位置、车辆班次和运营时间。

如果是与网上认识的陌生乐迷相约一起搭车前往，要多留个心眼，可以将车牌号码和行程信息分享给亲友，注意搭车安全。

现场安全

对于音乐节经验较少的女性，建议提前了解现场乐队的风格，有助于做好预判，决定是否要冲到人群最前面。

"死墙"是一种摇滚乐现场常见的肢体碰撞方式，以活跃现场气氛。一般会有一个摇旗的人站在中间，观众分成两组，互相隔开几米进行对撞。如果参与这种活动，要注意看清现场的指挥。女性参与这种现场活动一定要谨慎，人多极易造成踩踏事件，如果不慎摔倒，一定要记得抱住头蜷缩起来！

不要随便喝陌生人递来的酒水饮料，或者抽陌生人的烟，而且一定要看好自己的杯子，防止不法分子趁你不备偷偷下迷药。

住宿问题

你可以选择住在场地附近的宾馆或者露营，音乐节主办方通常会在节庆开始前的一到两周在官方平台上推荐场地附近的宾馆。需要注意，音乐节期间宾馆住宿的需求量很大，一定要提前预订。在外住宿，建议大家携带安全门挡，防止他人有意或无意闯入。

如果决定露营（当然，要先确定音乐节场地是否允许露营），可以带帐篷、睡袋，也可以入住现场搭好的帐篷。不同类型的帐篷住宿价格也不同，但请注意，千万别让陌生人在自己的帐篷里过夜，也不要去别人的帐篷里过夜。

最好跟同行的朋友一起住，半夜上洗手间，也一定要跟朋友一起去。因为音乐节的厕所一般是临时搭建的，距离主舞台比较远，也不能保证有路灯照明，可能会有潜在的危险。

另外，建议准备一些塑料袋，可以用来装自己的鞋子和没吃完的食物，避免物品受潮。露营区通常也有售卖食物的摊位。

"节庆"一词的英文"festival"来自拉丁文，是"快乐"的意思。不管男性还是女性，希望大家都能在音乐节上收获快乐，享受现场音乐的魅力。

Part 6

职场必备，基础法律指南

作者｜田静

职场性骚扰，就业歧视，同工不同酬，怀孕就有被调岗降薪的不公正待遇，休完产假回来就再也找不到自己的岗位……如今的职场女性，依旧困境不断。

根据我和身边朋友的经验，以及专业律师朋友的咨询建议，我为职场女性写了一篇法律指南。

希望它能够帮助在职场奋斗的女性掌握一些法律常识，避开职场中最常见的"坑"，保护自己的合法权益。

劳动合同签订须知

入职一个月内，必须签订劳动合同

"你刚来，先熟悉一下环境，过两个月再签。"

"试用期内不签合同，试用合格了才签。"

"我们公司在初创阶段，彼此合作靠的是信任不是契约。"

……

如果入职的公司这样敷衍劳动合同签订事宜，你就需要警觉了。按照我国法律，公司应该在员工入职的一个月内，签订劳动合同（试用期也在合同期限内）。

> 根据《劳动合同法》第七条，用人单位自用工之日起即与劳动者建立劳动关系。
>
> 根据《劳动合同法》第十条，建立劳动关系，应当订立书面劳动合同。已建立劳动关系，未同时订立书面劳动合同的，应当自用工之日起一个月内订立书面劳动合同。

假如公司迟迟不肯签合同，建议先以书面形式（如电子邮件、微信聊天等）进行交涉，例如可以这样说：

> ××公司违反了法律规定，一个月内不和我签订劳动合同。我现在依法和××公司解除劳动合同。按照法律规定，××公司需要支付我一个月的补偿金。

目的是给用人单位施压：签还是不签，必须给个说法。

书面交涉后，无论公司是否和员工解除关系，都需要向员工做出回应。此回应建议留存，员工可将之作为书面证据用于下一步维权。如果双方还愿意合作，可以补签一份合同，否则员工可以向劳动监察部门投诉或提起仲裁。对于公司不签合同的行为，法律上最多宽容一个月。超过一个月不签合同，公司就需要向员工支付两倍工资。

根据《劳动合同法》第八十二条，用人单位自用工之日起超过一个月不满一年未与劳动者订立书面劳动合同的，应当向劳动者每月支付二倍的工资。

比如，你是 1 月 1 日入职的，工资 5 000 元，公司超过一个月不和你签劳动合同，那么就需要从当年 2 月 1 日起，每月向你支付 10 000 元工资。

维权前，注意收集能够证明劳动关系的证据

维权时需要向劳动监察部门（或劳动仲裁委）证明自己和用人单位存在劳动关系，所以日常应该注意收集可以证明劳动关系的材料，包括：

工资支付凭证：工资单、工资收入证明、银行转账单、收据、支票等。

工作记录：录用通知书、花名册、签到本、工作现场照、公司网站上有关自己的报道、奖状、荣誉证书、工作往来邮件及聊天记录、财务借款单、报销凭证。

缴纳社保、商业保险的记录：社保缴纳证明、商保证明。

公司发的材料：工作服、出入证、门禁卡、服务证、工作证。

登记表、考勤表、打卡记录、加班通知。

其他劳动者的证言。

用合法方式取得的录音、录像资料，也可以证明劳动关系的存在，比如与公司领导的谈话、工作情况的录音或录像，但要注意，在对方不知情的情况下，偷录、偷拍获取的证据不一定合法，建议咨询律师后再行动。这些材料不需要全部具备，准备好其中几项能证明劳动关系存在的材料，就可以向劳动监察部门投诉或申请劳动仲裁了。

申请仲裁要趁早，不要超过仲裁时效

仲裁时效，指的是申请仲裁的有效期限。根据我国法律，劳动争议的仲裁时效只有一年，所以一旦个人权利受损，就应该尽快提起仲裁。

根据《劳动争议调解仲裁法》第二十七条，劳动争议申请仲裁的时效期间为一年。仲裁时效期间从当事人知道或者应当知道其权利被侵害之日起计算。

如果你提起仲裁那天往前倒推的一年里，都没有适用双倍工资的情况（比如你离职已经超过一年了），你就没法主张双倍工资了。

避开试用期陷阱

"试用"不等于"免费用"，更不等于可以"随便辞"。

从法律角度看，试用期也在劳动合同的期限内。只要在合同期限内，公司就得保障你作为员工的基本权利，包括最低工资、法定

的社保和休假等。

根据《劳动合同法》第二十条，劳动者在试用期的工资不得低于本单位相同岗位最低档工资或者劳动合同约定工资的百分之八十，并不得低于用人单位所在地的最低工资标准。

如果公司没有足额支付工资或社保，员工可以向劳动监察部门举报，责令改正，或者提起仲裁，要求补足工资和社保。

最后要注意，试用期内公司不能随便辞退员工，除非能证明员工"不符合录用条件"。

很多公司不讲清楚录用条件，也没有做过考核，就以"不符合录用条件"为由辞退员工，这样做是不合法的。员工可以提起仲裁，要求补偿，或继续履行劳动合同。

关于薪资

为什么合同工资和实际工资不一致

很多人都有这种经历：原本和人事部门谈好了薪资，拿到劳动合同才发现，合同上的工资是另一个数。而针对那部分没写进合同的薪资，一般有两种情况。

1. 公司许诺以奖金形式发放

人事部门可能会对你说：合同上只写了基本工资 10 000 元，另外的 5 000 元是奖金，根据公司的奖金政策来发放。你半信半疑地签了合同，随后才发现，这家公司并没有明确的奖金发放办法。干得好不好、拿多少奖金，全看老板的脸色和心情。与此同时，你也很难针对奖金展开维权。这是因为，法庭一般倾向于尊重公司自主管理权，包括制定自己的奖金政策来激励员工。

想要胜诉，员工必须能够出示证据，证明自己符合奖金发放的条件。相关证据包括：

公司应当支付奖金的依据：比如劳动合同约定、员工手册规定、特定奖励政策等。

员工本人符合奖金支付条件的证据：比如个人销售业绩、绩效考核记录等。

公司没有支付奖金的证据：比如工资单、说明不支付奖金的电子邮件等。

多数情况下，以上证据都由公司掌握，收集起来难度很大。因此，应尽量提前预判，避免自己卷入奖金争议。签劳动合同前，可以向人事部门了解奖金占工资的多少比重，是否有奖金发放规则，若有，就要求看一看书面文件。假如你察觉到奖金规则很不明确，请谨慎签约。

2. 公司许诺以报销形式发放

如果人事部门对你说：合同里只写了基本工资10 000元，另外5 000元需要拿同等价值的发票报销，这就意味着，你报销所得的5 000元在公司账面上是"费用"，而不是"工资"，而你在公司账面上的基本工资只有10 000元。工资低了，公司需要给你缴纳的社保金额就会变少。

此外，你还可能面临另一种风险：一旦未来出现薪资争议，仲裁庭很可能会以合同上的工资（而不是实际发放的工资）作为依据，因为合同上的数字是你签字确认过的。

举例，小雅和公司口头约定每月工资 15 000 元，但合同上只写了 10 000 元。后来老板把公司搞黄了，拖欠了小雅半年的工资没发，小雅提起仲裁，要求公司补足 6 个月的工资 90 000 元，但公司一口咬定，根据合同，小雅的月薪只有 10 000 元，因此最多补 60 000 元。这时，小雅就必须提供更多的证据，证明她每月的实际工资是 15 000 元，比如工资单、收入证明、银行转账记录，以及和老板的谈话录音等，才能维权。

为了避免发生争议纠缠不清，最好提前考虑到以上风险，谨慎签约。

被无故克扣工资要维权

以下几种特定情况，公司可以直接扣除工资，比如：

> 从工资里扣除个税、社保和公积金的个人部分；
>
> 扣除法律裁定代扣的抚养费、赡养费；
>
> 扣除员工出于个人原因，给公司造成经济损失的赔偿费用。

除此之外，工资无缘无故遭到克扣时，员工可以依法提起仲裁。这时，仲裁委会要求公司承担举证责任，提供扣发工资的依据和证据——如果认定员工迟到早退，公司需要提供考勤表；如果员工绩效不达标，就得提供绩效考核结果，并证明考核制度已得到员工认可。

一旦举证责任转移到了公司，维权事宜就对员工比较有利了。

再次强调，劳动仲裁的时效是一年，所以遇到公司无故克扣工资，维权一定要及时。

社保常识早知道

社会保险，又称"五险"，主要包括养老保险、医疗保险、失业保险、工伤保险、生育保险。社保是一种强制性的社会保障制度，社保金由个人和企业依法缴纳，并由政府财政给予补贴。

"五险一金"的"一金"指的是住房公积金。按我国法律规定，企业都应该给职员存缴住房公积金，不分国有企业和私营企业。

曾经看过一组数据：2011年浙江财经大学外国语学院针对15所高校的1 200名大学生，做了一个关于"五险一金"的认知度调研，调查结果显示，只有4%的学生对五险一金"非常了解"，而自称"不太了解"的学生占到了64%。

什么时候开始缴纳社保

员工入职30天内，公司应该为员工缴纳社保和公积金。

如果这是你毕业后的第一份工作，公司还需要为你办理一下新参保流程，你按要求提交资料就好。

如何计算社保金额

1.具体计算公式

社保由个人和公司两方面缴纳，个人部分直接从月工资里扣除，所以，你的实发工资 = 基本工资 + 津贴 + 奖金 − 个税 − 代扣社保 −

代扣公积金。根据这个公式，就可以推算出你的具体社保金额了。

2. "五险一金"缴纳比例

大家可以直接上网搜索"五险一金计算器"，输入自己的工作地点、基本工资，就能看到各项保险的缴纳明细。

公司是缴纳社保的大头，生育保险、工伤保险只由公司缴纳，个人不用缴纳。

3. 社保的缴费基数

社保的缴费基数是你上一年的月平均工资，也就是将你上一年12个月的所有税前收入加起来，再除以12。基数有上下限的规定：最低不能低于上年度当地平均工资的60%，最高不能高于上年度当地平均工资的三倍。

社保和公积金的基数平时固定不变，只在每年7月份，由劳动部统一调整一次。

随着你每年收入的上涨或下调，社保的缴费基数也会跟着变，所以每年需要重新核算一次。假如你2019年1月至12月的平均工资是10 000元，那10 000元就是你2020年1月到12月的新基数。

生育险有什么用

产假期间有没有工资？

当然有，否则公司每个月的生育险不都白交了？

员工在产假期间，可以获得一笔钱，用来保障产假期间的生活。具体包括两种发放形式，一种是产假工资（产假期间正常给你发放的工资），一种是生育津贴（公司向社保局申领再返给你的津贴）。无论哪种形式，这笔钱都来自公司给你交的生育险。

社保不连续缴纳有影响吗

外地人在工作地连续缴纳社保，跟买车、买房、办理户口的资质紧密相关。

1. 外地人买车、买房

如果你在北京工作和生活，但没有北京户口或工作居住证，你需要连续缴满 5 年社保，才能获得在北京买车、买房的资格。一旦中途断缴，就需要重新计算年限。

2. 看病

社保断缴后的下个月开始，看病就不能报销了。

3. 积分落户

北京从 2016 年 8 月开始推出积分落户的政策，要求之一就是要在北京连续缴满 7 年社保。

为了避免社保中断，需要注意：

入职前和公司人事部门确认，缴不缴"五险一金"、缴纳基数是多少，做到心中有数；

入职当天，查看劳动合同中是否有缴纳"五险一金"的条款，如果没有，要求加上；

入职的前三个月，查看每月的社保明细，再用"五险一金计算器"算一遍，确认数额准确；

社保调整基数后的一个月，查看社保明细，确认数额准确；

跳槽时做好上下家的沟通工作，先确认自己跳槽当月的社保由谁承担，问上家什么时候做社保"减员"，再问下家什么时候做社保"增员"，必须保证两个时间点错开，因为如果上家没"减"，下家就无法"增"，会导致社保缴纳不上。

公司不缴纳社保，员工如何维权

关于社保的争议，不属于劳动仲裁的受理范围，员工只能向劳动监察部门投诉。

投诉成功后，公司不但需要给员工补缴社保，支付解除合同的经济补偿，还需要向相关劳动部门缴纳一笔罚金。劳动者还可以依法解除劳动合同并获得经济补偿。

根据《劳动合同法》第三十八条，用人单位未依法为劳动者缴纳社会保险费的，劳动者可以解除劳动合同。

根据《劳动合同法》第四十六条，依照这种情况解除劳动合同的，用人单位应当向劳动者支付经济补偿。

社保费从2019年起，统一由税务部门征收，这意味着今后对于社保缴纳的管控力度会加大，企业少缴或不缴纳社保的违法情况会变少。

离职维权须知

离职一般分为主动离职和被迫离职。

员工主动辞职流程很简单，在你发出辞职信的一个月后，公司就应该给你办理离职手续。如果过了一个月，公司不给开离职证明，你可以向劳动监察部门举报。

相比之下，公司辞退你情况就要复杂得多了。

被公司无故辞退该怎么办

《劳动法》只规定了几种可以辞退员工的情形，对于辞退流程的要求也非常严格。所以如果公司无缘无故地辞退你，你可以举报用人单位违法解除劳动合同，并要求该单位依法支付双倍补偿金。

> 根据《劳动合同法》第八十七条，用人单位违反本法规定解除或者终止劳动合同的，应当依照本法第四十七条规定的经济补偿标准的二倍向劳动者支付赔偿金。

很多公司为了避免吃官司，会和员工协商解除劳动合同，实质上就是签一份协议书，证明双方已经达成一致，决定"和平分手"。

这里要注意，一般公司辞退员工是要给补偿金的（除非员工是过错的一方），即便是协商解除劳动合同，也会给法定或超出法定标准的补偿。为了节省裁员成本，很多公司的策略是：让你主动辞职。一旦你主动辞职，就没有办法要求补偿了。

如果公司想要辞退你，你可以要求公司说明原因并提供证据。假如不认可公司的理由，就不要草率地签下任何协议，直到双方达成一致为止。在此期间，务必照常上班、专心工作，否则就刚好给了公司机会，以"旷工""违纪"为由开除你。

怀孕后被辞退怎么办

按照我国法律，处于孕期、产期、哺乳期的女员工是不能被开除的，但有的公司会给孕妇调岗、降薪，变着法儿地逼她们辞职。

其实按法律规定，公司必须征得员工的同意，才能变更劳动合同。所以准妈妈们，请理直气壮地告诉公司："未征得我的同意，公司不可以给我调岗或降薪。"

不想吃官司的公司，会耐着性子和员工谈条件。与前述的策略一样，谈判期间要照常认真工作，直到和公司达成一致。如果公司无视法律直接辞退，可以提起仲裁。

不交培训费，就不能离职吗

有的公司在员工提出辞职后，会拿出员工签字确认的培训协议说：按照我们签过的协议，你在三年之内不能离职，不然就要还给公司60 000元的培训费。

这时你一定要问问自己：这个培训算专业技术培训吗？因为根据法律规定，只有单位掏钱提供的专业技术培训，才可以和员工约定服务期。

根据《劳动合同法》第二十二条，用人单位为劳动者提供专项培训费用，对其进行专业技术培训的，可以与该劳动者订立协议，约定服务期。

很多公司做的是通用性培训，比如找来张三李四王五，给你讲解公司的历史和概况，宣传公司的使命、愿景、价值观，告诉你公司在全国有多少业务、多少家分店……显然，这种培训不会教给你某种专业技术。即便签订了协议，公司也不能用这种培训限制你离职。

法律维权途径有哪些

被黑心公司侵权，可以通过劳动监察部门或劳动仲裁进行维权，既不用花钱，也不用请律师。

不走仲裁，想直接诉讼？不可以，因为按照规定，劳动仲裁是诉讼的前置程序，通过仲裁无法解决的问题，才会进入诉讼程序。

劳动仲裁

申请仲裁时要携带申请书、身份证件和证据材料，去当地的劳动争议仲裁委员会。申请劳动仲裁，如申请材料符合受理规定，5天内可以立案，60天内可以结案，是效率很高的维权方式。

劳动监察

想要通过劳动监察部门维权，你可以直接拨打投诉电话12333，向劳动局监察大队举报。

向劳动监察部门举报以后，员工不需要出庭答辩，相较劳动仲裁会省去不少时间和精力。所以对于同样的案子，可以先走劳动监察，如果实在是无法解决或速度太慢，再走仲裁。

受理范围

大部分案子上述两种途径都会受理，但个别案子只能找劳动监察部门。比如公司没有按规定缴纳社保的，一般是由劳动监察部门责令改正，仲裁机构和法院并不直接受理这类案件。如果不知道具体该找哪个部门，一般情况下，我们可以先打12333，向劳动监察部门说明情况，如不属于其受理范围，再找仲裁。

女性在职场打拼容易受到各种或明或暗的不公正待遇，掌握职场法律常识十分必要。希望大家都能够掌握最基础的常识，努力工作创造价值的同时，保护和争取自己的合法权益。

参考资料：

1.《作为自带洪荒之力的 HR，应当知道有关"三方协议"的这些法律问题》，劳达 laboroot，https://mp.weixin.qq.com/s/DF9vOxfqXNB_OkSAm9Us1g

2.《劳动维权的重要前提：如何确认劳动关系》，华律网，http://lawyers.66law.cn/s2a09d3b729976_i451830.aspx

3．王桦宇著《劳动合同法实务操作与案例精解》，中国法制出版社，2012 年

4.《未签书面劳动合同二倍工资差额的时效如何确定》，东合劳动法在线，https://mp.weixin.qq.com/s/Qw_p-1Qd0TklVJDsREa4Bw

Part 7

独居租房要注意什么？

作者｜小杨

阿蝎在某小区找了个二房东租房，讨价还价后，房租定为每月
2 100 元，押一付三；签合同的时候押金加上第一季度的房租，一次
性支付了 8 400 元。

签约前二房东的态度都很好，签约后却马上翻脸，要加收卫
生费、网费和物业取暖费，而且得一次交清一年的，一共需要支付
3 260 元。

想着花钱买个安心，阿蝎就交了钱。前前后后交了 11 860 元，
房子终于定了下来，但当她向二房东要厨房燃气卡时，却被拒绝。
对方的理由是要将厨房租出去，不让她做饭。

无奈之下，阿蝎决定退租，对方却只肯退两个月的房租，即
4 200 元。

这就是非正规中介常用的一种套路：先用低价房租骗人签约，
再用各种手段要挟房客交更多的钱。除此以外，有些"黑中介"还
会以各种借口给房客制造麻烦，让房客住得不安心，不得不搬走。

如何租到正规安全的房子

直接找房东租房

这是最理想的情况，还能省下一笔中介费，但是去哪里找房东呢？

1. 设立条件，锁定范围

你租房的目标位置是哪里？是公司附近还是地铁线附近？先锁定符合条件的小区。

2. 亲自去目标小区找房

找找目标小区的物业工作人员、单元门口公示栏中的房管员，或者辖区的居委会负责人，向他们打听小区内部有没有业主正在出租房子。很多租户和房东都是通过物业或房管员传递信息、顺利完成租房交易的。相比中介，小区物业和楼管更了解小区的情况。

找大型连锁房产中介公司

个人精力有限，有时租房难免还是要通过中介公司。这种情况下，应该首先选择大型全国连锁房产中介公司。这些房产公司有更多真实房源，且都很注重品牌形象，万一出现纷争也投诉有门，维权成本低。

选择时要注意辨别，有些非正规中介会利用音近字或形近字，取与大型中介公司极为相近的名字，打擦边球。

分辨中介的促销手段

如果你刚毕业或者经济能力有限，只能选择群租，正规的租房网站上也有很多屋美价廉的房子信息。但需要注意，联系看房时，个别中介会说你看中的房子已经租出去了，要带你去看其他房子。

这是一种营销伎俩——先带你看条件很差的房子，再带你看好一点的，对比之后你会觉得后者物超所值。

遇到这种情况不用紧张，多看、多对比，冷静思考各个房源的优劣。租房之前多利用网络，多搜索，多对比，多看看其他租客的真实经验分享，别着急做选择。

看房过程中，如何分辨正规中介和"黑中介"

有无房产经纪人从业信息卡

正规的房产经纪人都有从业信息卡，当地的住房和城乡建设委员会有其备案登记信息，信息卡上具有唯一编号。

当然，没有信息卡不代表对方一定会欺诈威胁租客，但却是一个风险信号，提示你需要在接下来的环节中更加谨慎仔细。

是否如实告知租户数量

非正规中介往往会少报租户数量，谎称隔断间是杂物间。看房的时候要仔细检查每一间房，看看有没有其他租户的迹象。如果情况允许的话，也可以选择中介不在场时上门看房，确认实际的租户人数。

签约前是否强制预付定金

"黑中介"常常要求租户在签约之前先交定金，有时还会"好意"帮你申请一个折扣。这类非正规中介，经常将同一套房源同时租给多个租户，收取多份定金，然后用各种手段强制大家退租。

一定要记住，正式签约之前绝不要缴纳任何费用。

有无偷换概念，缴费项目名称是否清晰

有些非正规中介口中的"物业卫生取暖费500元"，实际上指的是500元物业费、500元卫生费，再加上500元取暖费。不问清楚很

容易掉进陷阱。

正常情况下，物业费、取暖费、卫生费，由房东向小区缴纳，如果是租客代为支付，这些费用会从房租里扣除。涉及此类缴费项目，需要提前和中介明确哪些项目是房东负责，哪些则由租客负责。

看房时，可以要求中介联系房东陪同看房。如果中介以各种理由拒绝联系房东，房源则很可能有问题，需要提高警惕。

签合同时，留意重点条款

搞清楚合同和谁签，房主信息和房产证信息要对得上

正规中介在签订租赁协议时会签署三方协议，即所有权人（房东）、转租人（中介）、承租人（租户）签订的房屋租赁合同。正规中介在收取中介费用之后就算结束了工作，后续不会再另外收取任何费用，并可以为租户开具相应发票。

如果是代理公司，租客可以要求和房东直接沟通，查看房东的身份证或户口本信息。正规代理公司能够提供完备的房产证明信息，这些信息也可以被查询核实。

而很多"黑中介"，则往往既不会让租客与房东签署合同，也提供不了真实的房产证明文件。

如果收租者不是房东本人，需要将代收人有效个人证件复印并作为合同附件备注。

必须逐条确认合同内容

"黑中介"会事先填好合同上的所有项目，直接让租户签名。为

了阻止租客修改合同,"黑中介"还会谎称修改合同需要上百元成本。

如果你面对密密麻麻的条款不知从何着眼,请牢记以下几个关键点,审阅合同的时候务必依次检查:

合同中的房屋信息与房产证信息是否相符;

租赁期限、房租缴纳时间及滞纳时间、退租约定是否与谈判中的口头约定相符;

押金退还时间必须与验房、交钥匙同时进行。"黑中介"会在合同中注明"退房 × 工作日后退还押金";

正规租赁合同中,关于其他相关费用(如水电、燃气、物业、卫生、维修费用)的承担方式均有明确说明,非正规中介则会模糊处理这类条款,或表示"住户自理";

检查合同解除与违约责任条款中是否有不合理的霸王条款,非正规中介有时会故意设置一道很容易触犯的红线,要求租客赔付高出正常标准数倍的金额,否则随时终止合同,如"房租迟交 3 天没收全部财产""欠水电费 100 元以上可随时终止合同"等。

正规租赁合同一般有两个附件:《房屋交割清单》和《其他相关费用备忘》。

签订合同前,按照交割清单仔细盘点房间里的家具电器,并仔细确认其使用情况是否完好。明确其他相关费用中包括的项目费用分别由谁缴纳,并将水电燃气起底数抄表备注。

希望以上分享对大家有所帮助,能够避开"黑中介",租到正规安全的房子。

生理盲区：

不花冤枉钱，身体少受罪

Part 1

想做半永久文眉，如何找到靠谱的文绣师？

作者｜田静

从我家到胡同口，不到 100 米的距离，就有两家美容工作室，每家的门面上都有"韩式半永久文眉"的广告。常听不少妹子抱怨化妆麻烦，想做个"半永久"，据说能省去早上出门前的不少时间，多睡半小时。

每天化妆一半的时间都用在修饰眉眼上的我，有点动心了。都知道美容行业的水深，好在我有个闺密圈圈在美容机构做顾问，本想向她咨询"韩式半永久"在哪家做好，没想到她却说：半永久文眉压根不是韩国的，而是纯正的"中国制造"。

于是，我向她讨教了一些"韩式半永久文绣"的行业内幕。

根本就没有"韩式半永久"

"韩式半永久"这个词听来有些讽刺，因为这种文眉是从中国兴起的，传入韩国发展为韩式文眉，再流行回中国，这才真正火了起来。"半永久"是一种统称，不光指文眉，美瞳线、唇线、发际线、乳晕都可以文成"半永久式"。随着人体的新陈代谢，文绣大概三到五年后颜色会变浅、消失。

千万不要觉得文个眉很简单，就随便找个地方做。做"半永久"需要在皮肤表层打开小创口，让色料进去着色。只要有创口，就有感染的危险，所以一定要注意操作环境是否专业和卫生。

国内"半永久行业"水很深

"半永久文绣"近些年在国内兴起。因为好看、省事，又是整形中相对最安全的项目之一，"半永久"受到了很多女孩的青睐，市场需求很大。圈圈任职的美容机构规模一般，这种项目每天平均能做七八单。而规模大一点的美容机构，仅"半永久"这一个项目，算上分店，每天的营业额加起来可达十几万。

因为要动刀，"半永久文绣"不能算是传统意义上的美容项目，但又没有被归入医疗（整形）美容，界线很模糊。相关法规也不健全，导致国内的"半永久市场"混乱。有的美容机构，甚至十几家分店共用一张营业执照，有些新手文绣师可能只培训几天就上岗了。

正规的"半永久文绣"，从色料到文绣师的技术，要求都非常高。基本的技法学一个星期就能学完，但要不断练习才能完全掌握。虽然专业的文绣师有从业资格证，但这份证书也能通过非法渠道获得，因此不好全凭证书来判断纹绣师的技术。

"半永久市场"最常见的不实广告语包括"操作只要5分钟""做完就能洗脸洗澡"等。这种宣传非常忽悠人。拿"半永久文眉"举例，算上前期的眉形设计和敷麻，过程最快都需要一个小时，而且文眉肯定有创口，有创口就需要花时间恢复，术后马上沾水很容易感染。因此做完文眉的一周之内，洗脸时最好避开眉部。

如何找到一个靠谱的文绣师

想要找到靠谱的文绣师，就先得找到一家靠谱的文绣机构。这里分享两种快捷方便的办法：

找做过文绣并对效果满意的朋友推荐；

看执照、看环境，综合判断机构是否靠谱。

能去正规医院做是最好的，而如果要找美容院或者工作室，记得要先看该机构有没有营业执照，再看看现场的卫生情况。文绣对卫生的要求非常高，所有物品都必须进行消毒和无菌处理。一旦看到文绣师没戴手套、没穿手术服就给顾客做文绣，最好还是转头离开，再找别家吧。

想要挑选手艺尚可的文绣师，有以下几个法子：

看价位

靠谱的文绣师，价位一般在 1 000 元到 3 000 元之间，上万或更高价位的也有，而做一次只收几百块的可能是新手。虽然价位高的不一定手艺好，但手艺好的一般价格不低，这似乎是不破的真理。

详细沟通

还没聊上几句，就敲价格让你文眉的文绣师，大多不靠谱。这个行业有规定，做"半永久"前，需要了解受术人的过往病史，患有糖尿病、高血压、心脏病、心脑血管疾病，以及严重过敏、先天性疤痕体质的人都不适合做"半永久"。处在孕期、哺乳期、生理期的女性，以及受术部位有斑疤、凹疤、凸疤、牛皮癣、白癜风的人也都不适合做。

看作品

询问文绣师的微信号，去他的朋友圈看看他以往的作品。如果大多数图片的清晰度不高，文绣水平参差不齐，那么很可能都是在网上下载的。而那些作品风格一致、图片质量较高的，相对比较靠谱。

看操作

设计眉形的时间长短能够最直观地体现文绣师的水平。专业的文绣师只要 5 到 10 分钟就能给受术者画出合适的眉形。

如果做完"半永久"后对眉毛形状和颜色不满意，可以二次调整，文绣机构也会给出一些解决方案，比如改形、改色、洗眉重做等。

越是新鲜的美容项目，越要多做功课再尝试哦。

Part 2

市面上的睫毛增长术，安不安全？

作者｜田静

女孩天生爱美，外用的、内调的，只要是能让自己变美的东西，总喜欢试一试。近些年，睫毛增长液持续火热，据说使用后能让睫毛变得浓密纤长。不过，还是想提醒大家，对用于眼睛周围的产品要谨慎。曾有报道称，某女明星因过度使用睫毛增长液导致结膜充血，而很多不良厂商为了让产品更有肉眼可见的效果，还会在睫毛增长液里添加激素等成分。比如，现在已经被禁止使用的比马前列素，一度被品牌商们添加在睫毛增长液里，但其实，让睫毛变长只是这种药物的副作用，在医学上属于不良反应，如果使用不当，严重的还会导致白内障。

根据全国发制品标准化技术委员会提供的数据，可以看出，假睫毛市场的产值十分可观。据不完全统计，2014 年全球假睫毛产业总产值为 45 亿元，中国产值为 22.5 亿元；2016 年国内的产值已经增长到 57.3 亿元，年消费者达 10 亿人次。

但目前国内外对于假睫毛市场还未制定统一规范，一些厂家为了追求高利润，产品质量不过关，造成了假睫毛市场混乱的现状。睫毛增长液在购物网站上几十块钱就能买到，睫毛嫁接在一些美甲店里就能做，但它们真的像商家所说的那样安全又有效吗？

我们先来了解一下睫毛的长短跟什么有关。就像每个人头发浓密的程度、颜色各有不同，睫毛也受到基因的影响，长短和浓密的程度因人而异。除了基因的作用，睫毛还会因为身体的营养、外界环境的影响而呈现出不同的长短。

那为什么睫毛不会像头发一样不停生长呢？首先，睫毛和头发的寿命不同，正常人一根头发的寿命是6年甚至更长，直到现在，科学家们仍然搞不明白为什么人类的头发会一直长下去（据说除了麝牛的毛发外，只有人类的头发是一直在生长的），而睫毛的寿命就短得多，一般来说只有2—3个月。其次，头发的生长周期为2—6年，而睫毛的生长周期只有几个月。因此，睫毛无论如何也无法长得像头发一样长。

为了不让女孩们花冤枉钱受罪，我们总结了市面上常见的几种"睫毛增长术"，希望女孩们可以理性对待睫毛的长短。

睫毛嫁接

美容院有各种睫毛嫁接的项目，价格一般在200—300元，质量好的可达千元。睫毛嫁接项目见效快，睫毛的长短形状还可以控制，因此成为不少女性的选择。

我在某款App上找到了几家有睫毛嫁接业务的商家，发现睫毛嫁接在一些普通的美甲店里就可以完成。再看套餐，花样繁多：3D

蚕丝蛋白睫毛嫁接、日式 6D 睫毛嫁接、韩式纯貂毛睫毛嫁接……我随机拨通了一个商户的电话。这家商户向我分别介绍了 158 元、288 元以及 498 元的套餐，总结下来，不同价位的主要区别是假睫毛的材质和胶水不同。用来做嫁接的假睫毛材质非常多样：人造塑料纤维、仿制水貂毛、天然蚕丝……最贵的套餐使用的是日式水貂毛，价格高达 1 580 元。

为了搞清楚这些号称日本、韩国进口的假睫毛到底来自哪里，我联系上了一家制作假睫毛的工厂。我告诉对方自己开了一家美甲美睫店，从业多年，想批量进货。我假装很懂行，细问对方都有什么材质。

卖家抛出一堆名词——"一秒开花""山茶花""普通密拍 0.05""0.07 粗"。卖家说，这些不同形状的假睫毛大多都是人造纤维材质的，嫁接用的假睫毛很少有貂毛或者蚕丝的，因为很费事，这家工厂接触的很多美容院用的都是人造纤维。

同样的问题，我在另一家睫毛制造厂却得到了截然不同的回答。对方说目前嫁接用的假睫毛都是羊毛材质，因为人造纤维材质无法被做成柔软的效果。我和卖家提到，我曾经在一篇新闻报道里看到过，有一个姑娘嫁接睫毛，因为店家用了不干净的畜类毛——猪毛，导致她眼睛红肿发炎。虽然多家制造厂向我表示，已经很少有人用猪毛这类畜毛做假睫毛了，但也不排除仍有不良商家为了省成本在生产。至于睫毛店用的假睫毛到底是什么材质，需要到店才能知道。

睫毛根部属于排汗部位，假睫毛粘贴在睫毛根部会影响毛孔排汗，可能会导致"麦粒肿"，甚至会让自己原本的睫毛越来越秃，严重者还会过敏发炎、伤害眼睛。因此有了嫁接睫毛的念头后，最好多做功课，了解一下这个美容项目的潜在风险。

睫毛增长液

市面上的睫毛增长术中，看似最无害的就是使用睫毛增长液了。不用胶水黏，操作过程中也不需要消毒，只要将增长液买回家，每天坚持往睫毛上刷两下，睫毛就会变密变长，但事实上，睫毛增长液并没有我们想象中那么安全。

让睫毛变长的原理，就是给予它充足的营养。我查了查，发现购物网站上的睫毛增长液配方大都是维生素 E 的衍生物和一种叫作"生长因子"的物质。这些生长因子在常温下的生存时间并不长，一般 7 天左右就会失去活性，目前也没有很好的保存方法，很可能在你买到睫毛增长液的时候，它们就已经失效了。此外，这些睫毛增长液里都含有苯氧乙醇、乙基己基甘油这两种物质——实际上就是防腐剂，使用不当会对眼底黄斑区和睑板腺造成影响，导致视力下降和干眼症。

还有一些睫毛增长液中最有效的成分是比马前列素，这种药物本是用来治疗青光眼的，副作用是使睫毛增长，严重的还会造成眼睛失明。比马前列素已被国家明令禁止在化妆品中使用，但仍有少数厂家为了利益违规将之放进产品里。

此外，睫毛增长液大都需要在睡前涂抹，一不小心就会流进眼睛，成分不明的增长液很容易对眼睛造成损伤。

即便是成分安全的睫毛增长液，也并非每个人使用后都有睫毛变长的效果。因为睫毛增长液的作用原理，主要是靠给睫毛补充营养，从而达到睫毛增长的效果，所以，对于那些平时营养均衡、本身毛发健康的人来说，睫毛增长液未必管用。即使运气好，买到了适合自己的睫毛增长液，这种办法也不可能一劳永逸，一旦停止使用增长液，睫毛便有可能恢复到之前的样子。

种植睫毛

行业不规范

种植睫毛跟种植头发的原理一样，都属于整形。种植睫毛的方法是从后枕部，也就是后脑勺取出毛囊，移植到眼睫部位。

睫毛种植手术一般只在医疗美容机构才有，美甲店是无法完成的。我咨询了几家医疗美容机构，每家都有自己的说辞，其中一家甚至说他们是唯一具备做睫毛种植的专家的医美机构。我选了两家机构，咨询了同一个具体的问题：种植睫毛后是否需要定期修剪？一家说，因为睫毛的毛囊生长方式和头发的不一样，所以完全不用担心它会像头发一样疯长；另一家则说，需要像修理眉毛一样，定期用小剪刀修剪睫毛。仅一个问题，就得到了两种回答，可见睫毛种植行业的不规范，令人担忧。

成功率低

睫毛种植术的原理跟其他毛发种植手术一样，但是因为处于眼部，手术操作要求也就比种植头发高。一旦操作不当，就可能损伤眼部神经，引起感染发炎。另外，睫毛种植对毛囊种植的方向要求特别高，稍微不注意，毛囊种错了方向，就会造成睫毛倒长、杂乱无章。

因其特殊的生长周期，种植的睫毛存活率很低，有人反馈，种植睫毛后，三个月才长了五六根。因为睫毛种植无法保证每一个毛囊中的睫毛都能顺利生长，结果有的毛囊毛发疯长，有的则完全不长，睫毛因此产生缺口，影响眼部美观。

做睫毛种植手术应该注意什么

如果你真的想去做睫毛种植手术，一定要选择正规机构，确认给你做手术的医生有执业医师资格证。这里我向大家推荐中华人民共和国国家卫生健康委员会的官方网站，在这个网站上可以查询医师是否为整容医生，有无从业资格证。

此外，我总结了几点种植睫毛的注意事项，供大家参考：

术前两周禁服含有阿司匹林的药物（阿司匹林会降低血小板的凝固功能）；

高血压、糖尿病、心脏病或其他脏器类疾病患者不宜做睫毛种植手术，如果一定要做请提前告知医生；

女性应避开经期、哺乳期；

感冒、发烧时不宜做；

严重疤痕体质者不宜做；

术后一周之内，手术部位不要沾水，4天后可以洗头，但不可揉搓取发部位；

因为需要打麻醉，术后禁止开车、高空作业；

移植部位的小痂疤绝对不能用手抠除，10天左右就会自然脱落；

遵循医嘱。

孕睫术

孕睫术是一种用仪器激活眼睫部位的毛囊、人工给予毛囊营养的新型技术。市面上的孕睫术一般分为两种，一种需要仪器，一种不需要仪器。仪器会在眼睫部位的皮肤上打出密密麻麻的针孔，然后刷上营养液，从而促进营养液吸收、睫毛增长。不需要仪器的孕睫术比较简单，只需定期去美容院刷睫毛营养液。

至于做孕睫术时要刷的睫毛营养液，我调查了几家提供孕睫术项目的美容院，大多声称自家的营养液是韩国进口的特殊药品，跟购物网站上能买到的睫毛增长液绝对不同，只有一家专门做美容培训的机构比较坦诚，直接表明只有使用激素才能达到睫毛增长的效果，至于是什么激素，对方没说，但据我猜测，可能就是已经被禁止使用的比马前列素。当我第二天再给这家培训机构打去电话，想要问清楚这种激素时，对方却已经改口，说他们的药物绝对不含激素，是纯植物无添加成分。这中间发生了什么不得而知，但显然，这一行业中有许多不能宣之于口的秘密。

简单了解了几种睫毛增长术后，我发现它们各有各的风险，女孩们在追求漂亮的路上要多加留心。

不要轻信网络上流传的睫毛增长法。在睫毛处涂抹隔夜茶水、维生素 E，都会带来安全隐患。隔夜的茶水中，很可能含有会对眼睛造成伤害的细菌，而维生素 E 涂抹不当就会诱发眼周的脂肪粒生长。

做睫毛嫁接或种植要找正规机构。要判断种植流程是否专业卫生，最直观的方法是看看美容师有没有佩戴手套，睫毛嫁接前是否有针对胶水的过敏测试。辨别假睫毛的材质时可以用火烧，出现明显塑料味道的就是化纤合成的假睫毛。

不要滥用激素药物。激素类外用药物的副作用很多，可能导致皮肤出现黑斑、皱纹，遇冷热等刺激后容易发红发痒。若长期使用外用激素，激素还会经由皮肤被吸收进血液，引发高血压等疾病。

听身边经常嫁接睫毛的朋友反馈，价格越贵，假睫毛的确会越轻，不适感也越轻，可能真的需要去美容院实地考察、积累经验，才能找到适合自己的睫毛嫁接项目。爱美之心人皆有之，但睫毛毕竟长在眼睛周围，变美的同时风险也很大。希望每一个女孩子都能在追求美丽的路上想清楚利弊，理性地看待"变美"，理智地选择美容项目和美容产品。

参考资料：

1.《定啦！假睫毛竟然要建立行业标准啦！ 2016 年，该产业国内年产量近达 60 亿元！》，搜狐网，https://www.sohu.com/a/206542387_700870

2.《睫毛种植常识：为什么睫毛基本不会变白》，39 健康网，http://zx.39.net/a/201229/1970984_1.html

Part 3

标榜纯天然的护肤品一定安全吗?

作者 | 田静

有些商家为了卖东西，用尽了方法夸大宣传，为了证明产品安全，甚至在宣传片中喝面膜液、吃口红，冲击力十足。很多人不懂其中的原理，会被这种"能吃就肯定安全"的逻辑说服，然后乖乖地掏腰包。可是，所谓无添加、纯天然、能吃的护肤品和化妆品真的就安全吗?

护肤品不是能吃就安全

人们对"化学成分"这个词有很多恐惧，大部分原因是，很多"化学成分"是不能下肚的。在很多人的意识里，"能下肚"跟"安全"是挂钩的，而某些商人就抓住了这种潜在心理，打造出"安全到能吃"的护肤品，并强调产品无添加、纯天然。他们的逻辑是：无添加、纯天然、可以安全吃下肚的护肤品，对皮肤也一定是无害的。这种说法到底靠不靠谱呢?

首先，"无添加""纯天然"这两个标准，不是谁说了都算。这两个概念源于国外，是护肤品行业里两项非常严格的标准。想要做到官方认可的"无添加""纯天然"，要去专业机构做严格的技术检测，原料、生产线、外包装等环节，都要检查。在世界范围内，能达到相关技术标准的企业也不多。而在中国，化妆品和护肤品行业中还不存在相关的条例、法规，也没有专业机构监管，全靠商家拍着胸脯标榜的"无添加""纯天然"，可不能算数。

退一步说，就算护肤品真的满足"无添加""纯天然"的要求，它们也不一定安全。

"无添加"≠"安全"

"无添加"这个概念来自日本，指的是不含防腐剂、香精、色素、酒精等可能会刺激到敏感肌肤的成分，但这些护肤品中所含的成分就对皮肤安全吗？不一定。

不谈剂量，只谈"添加剂有害"，并不严谨。就算是最常见的护肤品成分，也是有剂量限制的，剂量线就是安全线。比如用于美白的维生素 C，提纯之后，口服 1 克没问题，但如果外用，50 毫克就能把脸"烧烂"；再比如，增加皮肤弹性的辅酶 Q10，口服 60 毫克没问题，但往脸上抹 10 毫克，整张脸就能过敏红三天。

如果商家在面膜液里面超量添加了这类成分，虽然也算是"无添加"，但是你敢用吗？

护肤品里还有一种常见的添加物——防腐剂，"不添加防腐剂，不刺激皮肤"也是商家常用的噱头。而事实上，不含防腐剂不一定是好事，甚至可能更可怕。防腐剂的用量如果控制在安全范围内，一般不会对身体造成伤害，可以被自然代谢掉，但如果不添加防腐剂，生产环境又做不到安全卫生，那么细菌、真菌就会污染护肤品，面膜、面霜就可能成为细菌培养皿。这样的护肤品用在脸上，可能会引发皮肤感染。现在的商家也可以通过一些技术手段，达到护肤品不用添加防腐剂的目的，但是这对生产技术的要求比较高，成本也高，并不是一般商家都能承受的。

"纯天然"≠"不烂脸"

我看过一个面霜广告。视频里，卖家吃了一口面霜，说："果然纯天然，里面添加了野生蜂蜜，香香甜甜的，我都想拿来抹面包吃。"还有些商家说自己的产品是用水果萃取物、植物萃取物制作的，"纯天然，很安全"。

很多无良商家都是这个套路：将"食用安全性"与"皮肤外用安全性"画等号，但这种评判方式，不严谨、不科学，也不成立。

医生们说过很多次了：不要把食物随便往皮肤上涂抹。因为人的皮肤和消化系统的工作原理完全不同，会导致它们过敏和中毒的物质，也不完全相同。消化系统能接受的，皮肤不一定受得了。

《化妆品安全技术规范（2015版）》的化妆品禁用组分表里有好几种常见的食物，比如白芷、魔芋、槟榔等。白芷是一味常见的中药，理论上对皮肤有一些美白效果，曾经也有面膜品牌把白芷放进面膜液里，但白芷里含有一种叫"欧前胡内酯"的成分，有很强的光敏性，服用后一旦长时间接受紫外线照射，就会出现日光性皮炎，皮肤会红肿，甚至发黑长斑。

又比如使用柠檬水、苹果、黄瓜、蜂蜜敷脸，有的人敷完，脸上会红肿、发痒、起疹，甚至溃烂。这是因为果汁里含有很多成分——矿物质、盐类、果酸类……这些物质作用在口腔里，会带给人美味的体验；作用在消化道里，也是安全的；但作用在皮肤上，就会引发过敏。当然，有些人敷了"水果面膜"后没什么事，皮肤还变白了，这是因为他们的角质层本来就厚，果汁里的酸腐蚀了角质层，人看起来就白了一些。

别中了逻辑圈套

聊完产品的问题，我们再来谈谈一个谜题：为什么无良商家喜欢喝面膜液、吃口红？为什么又总有人因此受骗？

首先，对于生理知识、化妆品知识，普通人本身就有很多盲区，而且对美丽的追求往往会诱发焦虑，人们就比较容易相信那些"看起来有道理"的说法。

当某些商家用大量的专业术语，在生理知识和化妆品知识之间强行建立因果逻辑时，人们自然就难以识破其中的问题了。

在某些商家的逻辑里，"能食用"就等于"能涂脸"，但这两者实际的关系是这样的：

能食用的东西未必能涂脸，只有这两者的交集才符合要求。

在逻辑学里面，这种做法叫"乱赋因果"——把本来没有因果关系的两件事，强行说成有因果关系。打个比方：有只海狸每天清晨都会到山顶等待日出，每天太阳也都会升起，所以结论是海狸让太阳升起了——想一想，我们平常看到的很多护肤品广告是不是也会像这样乱赋因果呢？

比如——

将精华涂在切开的苹果上，没涂的地方"锈"了，涂了的地方没有"锈"，所以这款精华一定能抗氧化。

苹果切开后，果肉里的酚类物质会氧化成醌类物质，在视觉上，苹果的颜色就变成了褐色。维生素 C 能延缓这一氧化过程，所以当含有维生素 C 的溶液被涂到苹果上时，苹果氧化的速度就会减慢。这个实验只能证明，精华溶液里含有能被苹果吸收的维生素 C。

而皮肤和苹果果肉完全是两回事，实验并不能证明这种精华对皮肤安全、有功效。（实际上，护肤品中的维生素 C 含量过高，容易引发光敏反应，使皮肤变黑，甚至过敏烂脸。）

这种爆水科技乳液涂在皮肤上就开始冒水珠，它的保湿功效一定杠杠的！

所谓的"爆水技术"其实原理很简单。制作面霜的时候，加大其中水的比例，让油包水的结构不稳定，面霜自然一碰就会爆出水来。刚用上爆水乳液时，会感觉皮肤水汪汪的，这是因为爆出来的一部分水迅速软化了角质层，往手上淋一点儿自来水也能达到同样的效果，而等到水蒸发之后，皮肤还是没有变化。

而且，爆水技术的核心，就是减少护肤品配方里油脂的比例，这反而会让水分流失得更快。所以，这种面霜的保湿功效还不如普通面霜。

被液氮冻僵的青蛙或鱼，被放进这种精华/口服液/保健水里后竟然复活了，这里面一定有让人起死回生的神奇成分！

这背后的原理其实连小朋友都能理解：在普通的零下低温环境中，动物身体结冰的速度会比较慢，冰晶会比较大，可以理解为，动物是被大冰晶扎死的；而液氮的沸点是 −196.56℃，结冰速度非常快，形成的冰晶极小，对动物的伤害不大。这时把青蛙、鱼放到护肤水里，它们就能解冻活过来，跟水里有什么成分没有半点关系。

脐带血里的造血干细胞，是身体再生能力的根本，所以从脐带血里提取的精华，抹到脸上能促进细胞再生，逆转衰老。

脐带血确实会被用来治疗遗传血液病，但是它的本质也是血液，用在人体中需要严格地配型。试想，用它来涂脸，就算真能被吸收，进入血液后也会产生排斥反应，危险很大；而如果不被吸收，那也就没有起到任何护肤效果了。

很多谣言和虚假宣传都是这样，静下来想想，背后的原理都不难懂，但不良商家有的是办法混淆逻辑关系，把消费者绕晕去购买他们的产品。买了没有疗效的商品，顶多是经济上受点损失，但如果伤了身体就太冤了。要想证明产品的安全，有两个最基础的办法：

在自己的皮肤上小范围试用，观察皮肤反应；

打开国家药品监督管理局网站，查询产品证书。

除此之外，购买护肤品和化妆品的时候，一定不要随便听人瞎忽悠，遇到不知所云的说法时，随手上网搜索一下，大都会找到答案，千万不要一冲动就买！

参考资料：

1.《化妆品安全技术规范（2015 版）》，国家食品药品监督管理总局发布，2016 年

2.《化妆品中的防腐剂真的是"洪水猛兽"吗？》，美业网，http://news.138job.com/info/203/106279.shtml

3.《"纯天然"化妆品，还能忽悠多久？》，知乎，https://zhuanlan.zhihu.com/p/26742974

Part 4

极端饮食法，对减肥真的有效吗？

作者｜红莓婆婆（认证健康管理师、澳洲运动康复师）

总有人问我："婆婆，你知道生酮减肥法吗？""婆婆，我的朋友用生酮减肥法瘦了××斤，我也想试试，你教教我吧。"

似乎存在着某种循环，生酮饮食减肥法隔一段时间就会流行一次，而它的每一次流行都会令我担忧：不知道又有多少个女孩的身体会因此受到伤害。

生酮减肥，到底是怎么回事

我们先来看看，到底什么是生酮饮食——说白了，就是只吃肉和脂肪，不摄入主食和糖分。脂肪在体内代谢的最终产物是二氧化碳和水，酮体是中间产物。当严格控制碳水化合物摄入，或者说当碳水摄入不足时，身体就会用脂肪来提供能量，而在脂肪提供能量的过程中，就产生了酮体，这就是生酮饮食的来由。

正常来说，身体是靠消耗碳水化合物来供能，当身体中没有碳水化合物作为主要的供能来源时，脂肪会代替碳水化合物的工作，人体就会进入"生酮状态"。在这个状态下，身体会自动把脂肪作为燃料使用，从而让身体保持运转。

用接地气的话来说，就是我们不能吃主食了，所有甜的东西也都不能吃，但日常活动需要能量，身体就会开始消耗体内的肥油来保证一切日常活动。同时我们要摄入油脂，逼迫身体变为"用油供能"的模式。所以，不吃饭、要喝油、适量吃点肉，就是生酮减肥的核心观念。

生酮饮食要求一天摄入碳水化合物的占比小于 5%，我们按照一个体重 55 千克的 20 岁女性每天基础代谢 1 200 千卡左右计算，这个比例约等于最多只摄入 15 克碳水。这是什么概念呢？一个中等大小的苹果所含的碳水大约是 25 克。

国际上有过统计，一个人可以把糖类摄入的占比控制在 5% 以内维持几天，但是三四个月以后就很难坚持下去了。实际上大部分坚持生酮饮食的人，糖类摄入的占比都达到了 33%—47%，执行的也并非是严格的生酮饮食。

什么人适合生酮饮食

如此极端、看起来就不健康的生酮饮食法为什么会出现呢？也许你会说，存在即合理，既然存在着这种饮食方式，它又能消耗脂肪，不正好就可以用来减肥吗？

事实上，目前只有医疗中会真正用到生酮饮食。这种饮食法在临床上有着较为广泛的尝试与应用，可以治疗糖尿病、痤疮、神经系统疾病、多囊卵巢综合征、肿瘤、癫痫、心血管疾病等多种疾病的治疗。

举个例子，大部分癌细胞的存活需要碳水化合物的支持，而生酮饮食摄入的碳水化合物极少，相当于通过不给癌细胞"吃饭"以抑制它的生长。所以对于癌症病患，或者什么药物都用了但仍旧不见效的癫痫症患者，医生用生酮饮食法来治疗是不得已而为之。癌症不治疗，病人会死亡；癫痫发作，万一造成长久性伤害，就是一辈子的遗憾，所以在两害相权取其轻的情况下，医生才会做这样的选择。

连医生用起来都万分谨慎的疗法，如果你只是体重超标了一点，还是不要冒险尝试了。

生酮饮食法对减肥真的有效吗

说到这里或许你还没死心：虽说生酮减肥有风险，但风险越大收益越大，为了减肥效果，牺牲一点儿健康不算什么！但问题是，生酮饮食真的能让你变瘦吗？

很多学者都做过生酮饮食的研究，结论不一，我们把十几篇论文放在一起看，发现的事实是，短期内生酮饮食法的确有效，使用者体重下降很快，但相比正常的低热量饮食，采用生酮饮食疗法的人平均只多减重了 0.91 千克。更何况在坚持生酮饮食的时候，低密度胆固醇会升高，使我们的血管更易栓塞，甚至会诱发心脏疾病。还有不少研究证明，生酮饮食长期来说极度不利于健康，减肥效果也不好。

生酮饮食到底会造成什么后果

对于只能采用生酮饮食疗法治病的患者

韩国媒体曾经报道过，110多位平均年龄六七岁的癫痫患者，在一年的时间内严格执行了生酮饮食，一年后患者中有4位死亡，原因就是生酮饮食引起的副作用。然而因为他们患有药物无法治疗的癫痫，医生没有其他办法，只能冒险一试。

生酮饮食的副作用，按照严重程度，可分为轻度、中度和重度；按照持续的时间，可分为短期和长期。目前已知的大部分副作用都属轻度，包括头痛、便秘、腹泻、失眠、背痛等，但并不排除更严重的后果：

心律不齐、QT间期延长、猝死；

硒缺乏症导致的心肌病（因为谷物摄取太少，人体内会缺乏微量元素硒，从而产生心肌病，因心脏活动异常猝死）；

肾结石；

胆结石；

非酒精性脂肪肝；

缺乏维生素C导致的坏血病（因为大部分的维生素C都在水果、谷物里）；

蛋白丢失性胃肠病；

低血糖。

对于减肥人群

生酮饮食法会使我们身体内的葡萄糖存量变少，于是慢慢地，胰岛素不需要降血糖，身体中胰岛素的水平也因此降低，血糖浓度升高，肾脏开始排出更多的钠离子。另外，糖原和水分是互相捆绑共存的关系，不吃主食以后，身体储存的糖原变少，从而也减少了身体的水分。

除此之外，生酮减肥还会有以下副作用：

1. 便秘

最常见的副作用之一。

主要因为纤维素摄入过少而引起便秘，而便秘之后，大便停留在大肠，大肠就会重新吸收水分，让我们的大便变干、变硬。

2. 口臭

几乎所有成功进入酮症状态的人都会出现这个问题，口中的异味可能来自丙酮。

产生酮体的一段时间内，身体并不能适应酮体，它就会通过呼吸、排尿、转换为丙酮等方法代谢排出，而丙酮的味道有点奇怪，就会造成口臭。

3. 头痛、恶心、眩晕、易怒、无力

这些也是常见的副作用。

整个人软软的，什么都不想做，大脑也是一片空白，还会出冷汗、心悸、心跳过快（源自电解质流失过多）、神情恍惚，严重影响了日常生活和工作。

4. 暴饮暴食

长期缺乏主食和糖分的摄入，被压制的欲望会强烈反弹，一旦触碰到甜食（包括米饭等主食），就会一发不可收拾。不管是生理还是心理，都会造成很大的伤害。

5. 月经不调

一般来说，我们普通人执行生酮饮食都是为了减肥，很多人还会通过额外增加运动量的方式来达到这一目的。这样一来，身体中既没有维持正常能量的摄入，又进行了大量运动，会导致能量的过度消耗。因为能量消耗过多，已经无法维持自身系统的平衡，身体就会开始选择性罢工，关闭一系列可以"舍弃"的功能，月经就是其中之一。

正在进行生酮减肥，该怎么补救

如果你在看到这篇文章时就已经在执行生酮饮食法了，那么，请慢慢调整回正常状态，循序渐进地在早餐中加入水果，并逐步增加蔬菜的摄入。推荐选择低 GI（食物血糖生成指数）食物，切忌一下子摄入过多碳水化合物，避免出现体重的报复性反弹。

评判一种减肥方法时，需要考量两个重要因素——是否有效、是否安全。

是否有效——有多少人可以顺利完成整个疗程？完成者平均可以减去多少千克的体重？减去的体重占原始体重的百分比是多少？

是否安全——减肥过程中是否会产生副作用？

在有效和安全当中，我个人认为安全是最重要的。相信大多数女孩子都有过减肥的经历，听说过各种层出不穷的减肥方法。不过，流水的方法，铁打的原理，诸如番茄减肥法、21 天断食法等，本质上都是单一营养素减肥法[1]。

一般来说，刚开始采用这种减肥法时体重会降得很快，但是单一营养素减肥法有着致命的缺点。体重下降得非常快是因为营养素不均衡，这时候减的不是肥，而是水分。当你撑不住，恢复了正常的饮食后，体重很快就会反弹。就算你毅力惊人，能一直坚持下去，长期的营养不良也将严重影响并不可逆转地毁掉你的身体。为了美而瘦，却永久地失掉了美和健康，相信没有人愿意走到这一步。

减肥的核心是在控制总热量的前提下，吃得营养，适度运动。减肥没有捷径，不要盲目跟风。只要改变了不良的生活方式，瘦下来是必然的结果。

参考资料：

1.《正确看待生酮饮食的"利"与"弊"｜饮食新知》，医脉通内分泌科，https://mp.weixin.qq.com/s/YMsdqK5OWwprfe0OE8fGwA

2.《生酮饮食减肥法究竟是骗局还是科学？》，邵逸夫医院，https://mp.weixin.qq.com/s/oEA3YBIczrBt0ijrweuOJw

---

1 蛋白质、脂肪、碳水化合物、维生素、矿物质、膳食纤维和水是人体所需的几大基本营养素，从这几种营养素中摒弃一种以降低体重，即单一营养素减肥法。

Part 5

非法"捐卵"，有何危害？

作者 | 田静

科技进步了，医疗手段越来越丰富的同时，女性面临的潜在危害也多了起来，卖卵便是其中之一。

购买卵子的需求，一般来自有不孕困扰的家庭。据统计，我国不孕症的发病率为7%—10%，其中有可能是男方的因素，也有可能是女方的因素；在女方不孕的情况里，有25%—35%都是源自排卵障碍。卫生部的相关文件规定，有借卵生育需求的女性，合法的求卵途径只限于使用做试管婴儿的女性捐赠的卵子。

换句话说，除此以外没有其他合法的捐卵途径。卖卵的黑色产业链因此出现了。

既然卖卵非法，为何屡禁不止

卵子交易在《刑法》中并没有被明确定义为犯罪行为，判定卵子交易违法的依据是2003年卫生部《人类辅助生殖技术和人类精子库伦理原则》中的规定：

> 供精、供卵只能是以捐赠助人为目的，禁止买卖，但是可以给予捐赠者必要的误工、交通和医疗补偿。

在 2017 年的一篇新闻报道中，17 岁的少女阿琳以 1.5 万元卖卵，结果失去了卵巢和子宫，还险些丧命，罪魁祸首邓某和赖某均因非法行医罪，分别被判处有期徒刑 1 年和 10 个月，并处以相应罚金。

发布规定的卫生部没有执法权，而有执法权的部门又无禁止卵子交易的法条可依，加上地下取卵行业的人受到的处罚不重，整个黑色产业链因此更加猖獗了。

一位妇产科医生朋友告诉我，因为回报高，她有几个患者就曾被正规医生劝说去地下机构捐卵。

相比前往正规生殖中心，地下捐卵的危害有多大

地下取卵环境恶劣，感染代价惨重

取卵手术会造成创口，如果手术环境中细菌量超标就很容易造成感染，情况严重的，还会影响女性的生育功能，甚至危及生命。非正规的供卵场所缺乏监管，手术安全完全没有保障。

上文提到的 17 岁少女阿琳就是在非法取卵手术中伤口感染，差点丧命。她先是被带去城郊的私人医院打了十多天促排卵针，然后在一处民宅中做了手术。术后第二天，阿琳在取卵医生的安排下到私人诊所输液，不久就开始呕吐，并伴有呼吸困难。诊所医生调整

药物剂量后，她的症状不但没有减轻，反而更加严重了。阿琳后来被送到医院时已经休克。经鉴定，阿琳双侧卵巢破裂，损伤程度为重伤二级。

而此前，她完全不知道取卵手术的流程和相关风险。

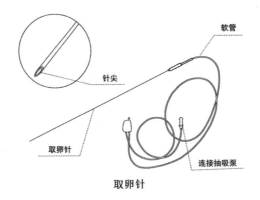

取卵针

上图中的这根管子学名叫取卵针，是取卵手术中最重要的工具，针长 35 厘米，针口直径 2 毫米，看上去很吓人。取卵针之所以这么长，是因为它要刺穿很多层器官。

取卵的过程是这样的：取卵针经阴道 B 超引导，自阴道进入人体后，会先刺穿阴道，再刺入卵巢和卵泡吸取卵子。

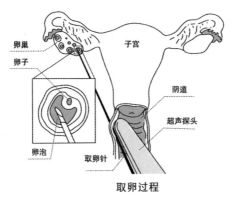

取卵过程

如果被损伤的器官发生感染，会引起多种并发症，比如出现腹水、腹痛，有些并发症可能会持续一个月，甚至成为永久性疼痛。在取卵手术中如果误伤膀胱，还可能会出现排尿困难、血尿症状。

黑中介不顾人命，注射超量激素

正常情况下，女性每月会排出一颗成熟卵子，而取卵机构会给供卵者打促排卵针，以促使卵泡发育成熟，这样在一次月经周期中，就会产生多个成熟卵泡，排出多个卵子。地下中介为了让供卵者排出更多成熟的卵子，很可能会使用高于正常剂量数倍的促排卵药物，而卵巢如果被过度刺激，就很容易发炎，造成腹水，甚至引发各种严重的并发症。

麻醉剂量不符标准

很多地下捐卵机构为了压缩成本，在取卵手术中根本不使用麻药，即便使用也无视剂量标准。作为手术中最重要的环节之一，麻醉时一旦药量不精准，轻则会让患者在手术中途苏醒，重则会造成患者呼吸、心搏骤停，从而危及生命。

谎报取卵数量，造成卵巢创伤

曾有一则"女孩卖卵 20 颗获 25 000 元报酬，秒换 iPhone7"的新闻震惊了很多人。当事人小雨靠售卖 20 颗卵子赚取 25 000 元的行为，让网友替她大呼不值，而她本人却对这个价格满意，"我觉得差不多都是这个价格，最多也就是 30 000 吧"。术前小雨在网上搜了搜取卵的相关信息：有人说会有点痛，有人说对身体不好，但小雨觉得偶尔做一次没什么关系。

小雨这样的认知完全是错误的。取卵越多，在卵巢上留下的创口也越多，会给卵巢造成很大的创伤。此外地下机构的安全和信誉都没有保证，非法从业医生极有可能谎报真实的取卵数量。

伦理隐患

卫生部发布的《人类辅助生殖技术规范》中规定："每位赠卵者最多只能使 5 名妇女妊娠。"地下供卵机构对卵子供求双方不做任何监管，会埋下严重的伦理隐患：来自同一个人的卵子可能会被多个家庭使用。当供卵基数变大，"天下所有的恋人都是失散多年的兄妹"这样的段子很可能会在若干年后变成现实。

如果你是一位正准备做试管婴儿的女性，一定要选择正规医院接受治疗，比如各地三甲医院附属的辅助生殖中心。科学促排取卵能将损伤降到最低，规范的术后恢复指导也能预防后遗症的出现。

如果你正在或曾经在地下黑市卖卵，请马上去正规医院，告诉医生你的手术经历，然后做个全面检查。

身体健康无儿戏，千万不要在对取卵及其危害没有任何了解的情况下以身涉险。

参考资料：

1. 谢幸、孔北华、段涛主编《妇产科学（第九版）》，人民卫生出版社，2018 年
2.《禁止捐卵和代孕，5 000 万不孕不育者怎么办？》，新浪评论，http://news.sina.com.cn/pl/2016-11-04/doc-ifxxneua4067991.shtml

3.《卫计委回应地下卵子交易：非法且影响恶劣，但我们没有执法权》，澎湃新闻，https://www.thepaper.cn/newsDetail_forward_1566836

4.《17 岁少女 1.5 万卖卵子险丧命　卵巢糜烂子宫亦不保》，网易新闻，http://news.163.com/17/0426/19/CIVLVP3R0001899N.html

5.《女孩卖卵 20 颗获 25 000 元报酬　秒换 iPhone7》，搜狐新闻，http://news.sohu.com/20170329/n485356877.shtml

Part 6

物质成瘾有何危害？如何自测成瘾程度？

作者 | 田静

我参加过一个朋友的生日聚会，朋友兴奋地拉着我，说要带我体验个新玩意儿。我问她是什么，她不肯透露，只说到时候就知道了。结果，她将一个小钢瓶揣在怀里，拿了两个气球给我。我一看就明白了，朋友却一个劲儿让我宽心，说自己问过酒吧老板，这东西对身体没有伤害，也不会上瘾。我翻出了女留学生吸笑气导致瘫痪的新闻给她看……

笑气是什么

一氧化二氮，俗称笑气，是无色、有甜味的气体，1772 年由英国化学家约瑟夫·普利斯特里发现。1799 年英国化学家汉弗莱·戴维发现一氧化二氮具有麻醉作用，随后它被用于外科和牙科手术，起麻醉和镇痛作用。现代生活中，它通常被用作奶油喷枪的气源，用于奶油的发泡处理。

一氧化二氮作为一种法定的危险化学品，近年来却被滥用。有人把笑气打进气球，然后用嘴巴吸入气体，身体会短暂缺氧、兴奋放松，致人发笑。

2018 年 6 月，北京市禁毒委将笑气列入第三代毒品。所谓第三代毒品，是指为逃避执法打击而对列管毒品进行化学结构修饰所得到的毒品类似物，虽未被国际禁毒公约管制，但具有与管制毒品相似或更强的兴奋、致幻或麻痹效果，严重的会引发精神错乱，甚至抽搐、休克、脑中风死亡。第三代毒品的危害是第一代毒品的一千倍。

警惕成瘾

人会对那些能使自己感到愉悦的事物上瘾，比如购物、吃垃圾食品、打游戏……有人还会匪夷所思地加班成瘾。"瘾"究竟是什么东西？为什么我们会对某种东西或行为如此迷恋？

什么是成瘾

成瘾，是人们对某种东西或行为长期、反复、强迫性地渴望。这种感觉会让人逐渐陷入其中，无法自控。成瘾分为物质成瘾和非物质成瘾。酗酒、抽烟、吸毒是常见的物质成瘾，而沉迷网络、沉迷赌博则属于非物质成瘾。

为什么会成瘾

喜欢或讨厌某样东西是由什么决定的呢？大脑自带的"出厂设置"之一，就是能对我们身上发生的所有事情进行分析判断，比如吃苹果时，大脑觉得这种东西味道不错，把愉悦的信息传达给身体，我们就会开心地啃完一个苹果；而如果把苹果换成香皂，大脑就会迅速做出"这东西不能吃，不要再吃了"的判断。

为什么会对某些东西上瘾

1. 大脑无法正确判断

很多让人上瘾的物质自带破坏大脑分析和判断地力的功能。比如大麻，吸食它能给人极强的愉悦感，让人觉得离开它会生不如死。

它们不是凭借努力才能获得的"奖励"，你会觉得无须付出什么，就能轻而易举地"爽上天"。在体验到轻易获得的快感后，很多人就忍不住想要加倍去享受这种不劳而获的"快乐"。

一段时间过后，大脑习惯了这种模式，懒惰生根发芽，对这些事物的依赖就会变成瘾。

2. 在现实生活中得不到满足

记者乔安·哈里（Johann Hari）花了三年的时间研究毒品，发现导致成瘾的另外一种因素是"失联"——跟周围的人失去了本该拥有的联系，让我们备感孤独，而当孤独来袭，人们会倾向于选择能够轻易获得的快感。

举个例子，越南战争中有大量美国军人通过吸食大麻解压，很多人都担心战争结束后，城市里会出现大批瘾君子。然而当战争结束后，那些军人大部分都完全戒掉了毒瘾。

听上去很不可思议，其实这是因为战士们回归了正常生活，恢复了同家人、朋友的联系，这种情感纽带帮他们摆脱了"失联期"对毒品的依赖。

成瘾的表现是什么

1. 根本停不下来

很多人都喜欢打游戏，有些人为了打游戏想尽了办法：上班偷偷躲在厕所打，上下班路上见缝插针地打，不能打的时候就一直想啊想，这种表现就有成瘾的危险了。

2. 得不到就愤怒、焦虑

成瘾的另一种典型表现就是欲望得不到满足时情绪会剧烈波动，做出反常行为。吸毒的人在毒瘾发作的时候，身上就像有小蚂蚁在爬，非常难受，需要靠吸食更多毒品来缓解。

常有这样的新闻：吸毒者花光了家里所有的钱，还用刀逼着爸爸、妈妈，向他们要钱买毒品。

3. 不断增加投入的时间

一开始只是好奇尝鲜，后来成瘾的事物就慢慢占据了生活，变得"不可或缺"。

有人起初只是因为好奇收藏了一套纪念币，但之后就越来越沉迷于各种电视购物，凡是在广告里出现的纪念币都不想错过，甚至把自己的房产转出去，专心收集，最终因债台高筑，进了拘留所。

4. 放弃正常社交，丧失其他兴趣

曾有一名网络写手因为经常熬夜写作，精神状态很差，朋友就给他推荐了冰毒，说可以提神，还能开发大脑。于是他以"找灵感"为借口，开始吸食毒品，慢慢成瘾之后，生活重心也从读书写作变成了吸毒。毒瘾越来越大后，他不仅没有找到灵感，反而变得更加懒惰，根本无法创作。

5. 明知故犯

很多人都知道暴饮暴食不仅容易长胖，对身体也不好，但还是管不住嘴。身边的同事朋友中也不乏这样的案例：尽管有胃病，但还是贪吃，难以彻底改变饮食习惯。

物质成瘾有什么危害

1. 性情变得暴躁

有研究表明，长期酗酒的人性情往往更加暴躁，遇到不顺心的事就会发脾气、砸东西，甚至进行家暴。

2. 很难投入正常生活

毒瘾难戒的一大原因就是吸毒者因为长时间沉迷毒品远离了正常生活，加上身边人的责备和社会的孤立，很难重回正轨。

3. 精神恍惚，易发意外

长时间服用让人上瘾的精神药物，会影响大脑的正常运转，造成精神恍惚，很可能会酿成无法挽回的意外惨剧。

物质成瘾自测

《精神障碍诊断与统计手册（第五版）》中对物质成瘾做了专业定义，原文比较复杂学术，我们在此以笑气成瘾为例，将之归纳如下。如果你怀疑自己对某种东西有上瘾倾向，可以对照下面的症状自检一下，如果满足的症状比较多，就需要警惕，并有意识地戒断了。因为成瘾的危害，比你想象中严重得多。

摄入笑气比原计划的量更多或时间更长；

考虑过减量或有节制地吸食笑气，并努力尝试过，但失败了；

可能花费过大量时间获取笑气、吸食笑气，或从它的效力中恢复过来；

对笑气有强烈的欲望或迫切的渴求，几乎主宰了所有的日常活动；

反复吸食笑气，影响到工作、学习或家庭生活；

尽管吸食笑气影响了人际关系，但还是照吸不误；

因为吸食笑气，放弃或减少了重要的社交、职业或娱乐活动；

在明知笑气对身体有害的情况下，依然反复吸食；

已经认识到吸食笑气可能引发持久、反复的生理或心理问题，但依然继续吸食；

对笑气产生耐受性，需要增加剂量才能达到最初的效果；

产生戒断反应。

如果符合其中的 2—3 个症状，属于轻度物质成瘾；符合 4—5 个症状为中度物质成瘾；符合 6 个症状甚至更多则为重度物质成瘾。

如果你或者你身边的人出现了成瘾症状，情况严重，影响到了身体健康、社交以及家庭，建议尽快就医，找专业医生进行相应的治疗。

参考资料：

1.《成瘾，重塑你的大脑》，果壳网，https://www.guokr.com/article/439085/

2. "Everything You Think You Know About Addiction is Wrong"，TED，https://www.ted.com/talks/johann_hari_everything_you_think_you_know_about_addiction_is_wrong

3. 美国精神医学学会编著，张道龙等译《精神障碍诊断与统计手册（第五版）》，北京大学出版社，2015 年

Part 7

月经期间运动，要注意什么？

作者 | Ruki（公众号"健身先健脑"主理人）

"湖南 14 岁女生体育课猝死，来例假忍痛跑步时倒地"是一则令人痛心的报道。"我肚子有点痛。"这是报道里这名 14 岁女生留在世上的最后一句话。体育课刚开始几分钟，她在操场上慢跑了 150 米后突然倒地，很快就没有了生命体征。十多分钟后，老师和随即赶来的家长一起把她送往最近的乡镇卫生院，医生宣告了死亡。据说，这名女生在猝死前抱怨过"痛经""不舒服"，似乎经期运动是她猝死的直接原因……

月经期间可以做运动吗？到底有没有危险？需要注意什么？

经期运动，有风险

在经期运动确实有风险，需留意以下两个方面：

经血侧漏

如果你使用卫生棉条，并做了高强度运动，就会有棉条错位导致经血侧漏的可能。在不少健身论坛上，都有女性建议，月经期间做大重量的深蹲、硬拉时最好将卫生棉条换成卫生巾，免得运动到一半时出现尴尬的"血崩"。

痛经加重

痛经可分为原发性痛经和继发性痛经。原发性痛经指月经期疼痛，不伴有明显的器质性疾病，而继发性痛经则常常与子宫内膜异位症、子宫肌瘤、盆腔炎症性疾病、子宫腺肌病、子宫内膜息肉等器质性病变有关。

对于本身就痛经严重或者月经量过大的女生而言，经期进行相对剧烈、增加腹腔压力的运动，会有增加不适症状的可能。而对于有继发性痛经的女生，经期运动可能会导致痛经加重，甚至造成病理性损伤，如卵巢囊肿破裂。

如果你身体健康，月经期间没有严重的疼痛、痉挛、经血过多等症状，按照正常的计划运动，完全没有问题。但如果你有原发性痛经，就需要对运动计划做出调整，适量降低运动的强度和时长。

需要注意，月经开始前一周，我们的体温会小幅度升高。在这个基础上再做运动，进一步升高体温，有可能会造成明显不适。所以，经期运动时要注意根据自己的感受随时调整。如果疲劳感强烈，可以酌情少做几组力量训练，减少有氧运动的时间。此外在运动前后，要及时补充水分和能量。

如果有继发性痛经，经期还是建议以休息为主。

健身会导致月经不调吗

健身论坛里常常可以见到这样的疑问："健身 × 个月，月经突然不来了（推迟了），是怎么回事？"事实上，造成月经不调的原因很多，健身本身并不是直接诱因。只要运动强度适当、饮食习惯正常，健身不仅不会对月经产生负面影响，还有可能缓解一部分原发性痛经的症状。

导致健身期间月经不调的因素，大致包括：

精神紧张与环境改变

这种情况常见于刚开始健身的"小白"。如果一个人每天从 8 小时坐着不动，突然变成了早起 2 小时跑 10 公里——突如其来的环境变化、对身体施加的压力，是有可能导致月经不调，甚至闭经的。想要避免这种情况，只需要改变心态，循序渐进，不要急于求成。

健身的重点是养成长期的运动习惯，而不是靠"打鸡血"来虐待自己。如果你从来没有运动的习惯，不妨从快走、增加每天的步数开始，慢慢过渡到跑步，再逐渐加大运动量。这样做不仅对健康有利，还能大幅减少运动受伤的风险。

体重下降过快

一些不负责任的健身营销号喜欢宣传"健身时只能吃水煮鸡胸肉、西蓝花，完全不能碰油"一类的观点。然而极端的饮食习惯由于缺乏必要的碳水和脂肪摄入，会导致营养不良、体重下降过快，可能会影响月经。

学习健身知识的同时也要擦亮眼睛，辨别那些只顾"打鸡血"、宣传极端饮食习惯的言论——减肥不能吃碳水、健身期间不能碰油、吃鸡蛋一定不能吃蛋黄……这类言论除了摧残你的身体，没有任何意义。

在日常饮食中，不仅要保证足够的热量摄入，还要关注健康脂肪的来源。在热量允许的情况下，可以多选择富含油脂的深海鱼、坚果、牛油果、全脂奶等。如果为了减肥，健身的同时也在控制饮食，还可以根据需要补充综合维生素。

滥用药物

很多女孩健身的主要目的是减肥，有些急于求成的人可能会在运动和节食之外，结合各种方法，比如服用药物，来加快减肥速度。而从某些商家那里买到的"减肥药"，可能会引起内分泌紊乱、月经不调，让人误以为是健身导致的。减肥需理性，不要想着走捷径。

经期减肥靠谱吗

减肥的核心是平衡卡路里。说得通俗一点，只要我们每天卡路里的摄入少于支出，体重就会减少。俗话说"管住嘴，迈开腿"，就是指要在减少摄入的同时增加支出。

那么，通过在月经周期的不同阶段控制饮食和运动，可以减肥吗？

先来说饮食。随着月经周期中各种激素有规律的升降，新陈代谢水平会发生规律的变化。一个正常的月经周期分为四个阶段：月经期、卵泡期、排卵期，以及黄体期，新陈代谢的最高点出现在经前的黄体期。

看到这里，不要高兴得太早。经前一周的基础代谢率确实会有所增加，但绝对没有像一些夸张言论所说的那样，"达到平时的两倍"，平均增长率约为 6.7%（根据不同研究，这个数据会有变动，但不会超过 10%）。大部分女生每天的基础代谢量在 1 200—1 400

千卡之间，简单做个计算：在经前一周，你的代谢量至少可以增加
1 200 千卡 ×6.7% = 80 千卡。

80 千卡是什么概念呢？它的热量大约等于：

5—6 块口香糖；

半个中等大小的苹果；

三分之一根蛋白棒；

大半杯蛋白粉；

一杯脱脂牛奶；

……

因此，若是想靠经前一周的"代谢福利"来减肥，几乎不会有
什么效果。更残酷的事实是，在经前一周，很多女生都会食欲增加，
馋碳水化合物，同时疲劳感增加，不想运动，所以常常是消耗变少，
摄入增多，抵消了幅度极小的代谢提高，影响了减肥效果。解决这
个问题很简单：将高强度的运动安排在月经后的那一两周，经前一
周以及经期，则相对减少运动强度和总量。

还需要注意一种极端的情况，很多女生在月经前一周都会出现
"经前综合征"：容易疲劳、心情差、想吃甜食……这种变化很容易
演变成心理上的放松："反正都破了饮食的戒了，干脆也别去健身算
了。""感觉有点累，不如在家睡一觉。""怎么看自己都觉得胖，还
健什么身？"其实月经对健身的影响很小，但负面的"自我放弃"
心理却极大地阻碍了健身计划。

如果"经前综合征"影响了你的健身计划，不妨试试在这段时
间做一些低强度、对身体和中枢神经压力都比较小的运动，比如瑜
伽、拉伸、慢跑、游泳，甚至散步。

中低强度的运动，可以促进血液循环，缓解原发性痛经以及经期的精神紧张和抑郁症状。不过要留心，如果此时做瑜伽，请避免倒立等容易造成不适的体位；进行游泳等水下运动时，请注意清洁——月经期间并非不能碰水，但确实有更高的感染概率。

痛经女孩的运动指南

"经期能不能做 × × 运动？""做 × × 运动会不会加重痛经？"这种问题，大部分情况下，答案因人而异。总的来说，大部分运动都不用特意避开经期：强度越低、对腹腔压力越小的运动，理论上对痛经的影响也越小——比如舒缓的瑜伽（不包含倒立），或者慢走、慢跑、游泳等有氧运动，以及相对轻重量的力量训练；而激烈的运动，比如高强度间歇训练（HIIT）、倒立、跳跃较多的体操、接近极限重量的力量训练等，如非必要，请尽量避开经前一周和经期。

如何确定适合自己的健身项目及健身强度呢？最好的方法是亲自试一试。比如你很喜欢跑步，不想在经期完全停下，可以遵循"强度和总量循序渐进"的原则，从 1—2 公里的慢跑或快走逐步过渡到正常的标准。如果增加运动量时痛经加重，请及时停止，以此确定你经期运动量的标准线。

梳理思路后不难发现，经期健身并不会带来严重的健康风险。只要注意以下几点，月经和健身完全可以和平相处：

刚开始健身时，循序渐进，不要急于求成；

冷静看待减肥言论，必要时阅读专业的运动类书籍，从专业的渠道了解运动和饮食的关系；

如果痛经严重，可以在经期做一些温和、低压力的运动；

如果运动没有增加经期不适感，可以按照计划正常运动。

每个人的体质不同，月经带来的影响也因人而异。希望大家都能有意识地感知和了解自己的身体，倾听自己的想法，做出适合自己的选择。

Part 8

健康体检的尺度在哪里？

作者｜田静

我的朋友有一次去体检，在做淋巴检查时，男医生摸了她耳后的淋巴结，又在她腋下摸了几下，最后用手掌反复按压她的胸部近一分钟。她当时不知道淋巴检查是否需要摸乳房，事后觉得自己被医生占了便宜。

网上有不少类似的新闻，甚至有的女孩在体检中遭遇了性侵。目前，国内法律对医疗性骚扰还没有明确的定义，那么我们该如何在体检中保护自己不受侵害呢？哪些检查需要暴露隐私部位？露到什么程度合适？我想为大家提供一份体检安全指南。

体检时，哪些检查涉及敏感部位

涉及敏感部位的检查大多是内外科及器械类检查。以下几项检查，处在"暴露"的边缘：

心肺听诊

心肺听诊切忌隔着衣服听诊，听诊器件应直接接触皮肤以获取确切的听诊结果。

腹部触诊

需将裤子脱到骨盆位置，但无须暴露阴部，同时上身衣服撩到胸部以下，露出腹部接受医生的触摸按压。

淋巴触诊

淋巴检查时医生会用三指滑动触摸我们的耳后、锁骨、腋窝和胸部外侧，确实需要接触到患者的皮肤，才能诊断准确，但这项检查并不是乳腺检查，不会长时间按压患者胸部。

腹股沟淋巴检查时需脱掉裤子，保留内裤，但一般的体检很少涉及这项检查。

普通腹部 B 超检查

上腹部检查时将衣服拉至乳房下缘稍高一点即可，不用暴露乳房。下腹部检查时需将裤子脱到骨盆附近，但不暴露阴部。除了必要的腹部门诊检查外，医生一般不与患者有直接接触，而是使用器械检查。

骨盆及下腹的 X 光片

做这项检查时要脱掉裤子但可保留内裤。医生触摸的是骨盆部位，其余部位不需要触碰。

以下检查使用辅助器械或视诊，不用上手触摸，但需露出隐私部位：

心电图与超声心电图

需要露出手脚腕和胸部，方便起见，检查当天不要穿连裤袜和紧身的衣服，不佩戴饰品。要解开胸罩，方便医生贴电极片。而乳房较大者，还可能需要挪动乳房，才能将电极片放到正确的位置。

胸部 X 线摄片

上身衣物里不能有金属制品，带钢托的胸罩要摘掉。部分医院会要求被检查者脱掉上衣。

乳腺 X 线检查

要暴露乳房，但医生不会与患者发生直接的身体接触。

高频超声乳腺检查

要暴露乳房并接受医生涂抹试剂。医生不会直接用手触摸乳房，而是使用探头接触。

经阴道式 B 超检查

只适用于有性生活史的女性，需暴露外阴。检查时医生将探头伸入阴道，不与患者有直接接触。

以下检查需露出隐私部位，还要触摸诊断：

乳房触诊

需要暴露乳房，检查时医生用中间三指的指腹在乳腺上扪压，检查范围覆盖腋窝区域。

整个过程中医生的掌心不会触碰检查部位，诊断时禁止重按、揉搓、刺激乳头。

肛肠科指检

需要暴露臀部，医生会戴手套，将手指伸入肛门内检查，除肛周外不必与其他部位接触。

遇到男性医生检查，要注意什么

接受敏感部位的检查时，女性有权申请同性医生操作。如果必须要面对男性医生，记得注意以下两点：

同性陪诊

《诊断学》一书中明确写道：男性医生检查女性的敏感部位时，需有一位女性医务人员在场；男性医生不得与患者过分攀谈，或进行不必要的检查。

规范操作

参照前文检查规则，对将要接受的检查项目有一定了解。但凡涉及肢体接触的检查，医生都需要戴手套。

为了防范体检被骚扰的风险，去往公立三甲医院和持有《医疗机构执业许可证》的体检机构检查都是不错的选择。男女分检的连锁体检机构可以避免尴尬，妇科和触诊多由与被检查者同性的医师完成。其他防范风险的举措包括：选择方便穿脱的宽松衣物，找家人或朋友陪同体检，提前了解检查项目，另外要勇敢表达，如果觉得医生的行为引起了不适，可以直截了当地询问检查的必要性和科学性。

万一在体检过程中遭遇性骚扰该怎么投诉

院内投诉

看准医生名牌记住姓名，至少要记得医生的特点和坐诊科室。到医务科填写投诉意见表，留下联系方式等待事件处理结果。

到医疗监管部门投诉

如果对院内投诉结果不满意，可以去当地卫生厅、卫生局等卫生监督部门走投诉流程。

电话投诉

拨打全国统一的公共卫生客服热线 12320。公共卫生举报和服务中心受理你的投诉后，会安排地方卫生主管机关查处相关医院的违法行为，并向中心汇报查处结果。

参考资料：

1.《女子体检遭遇性骚扰　医生称是按照程序做》，新浪新闻，http://news.sina.com.cn/s/2013-03-14/040326525390.shtml

2. 阿图·葛文德著，李璐译《医生的精进》，浙江人民出版社，2015 年

3. 陈文彬、潘祥林主编《诊断学（第七版）》，人民卫生出版社，2008 年

4.《如何避免医疗性骚扰》，凤凰，载《健康大视野》2002 年第 9 期

Part 9

哪些情况下需要做妇科检查？

作者 | 田静

没有性经历就不会得妇科病吗

大学时有一天，室友挤眉弄眼地对我说："隔壁那谁，有妇科病。哎哟，看着挺单纯、经历挺少的，她们寝室的人都看见她在吃妇科药呢。"我笑笑："妇科病是一回事，性经历是另外一回事，没有性经历也可能得妇科病的。"背后谈论别人的病情不礼貌，所以我简单说了一句就结束了对话。

"有性经历才会得妇科病"，这种观念怕是不少人都有，但是妇科病不是通过性生活传播的，性传播的是性病。

妇科病和性病有什么区别？非专业人士将它们搞混也属正常，这两种病的主要发病部位都集中在生殖器官，但性病主要通过性行为传播，妇科病的传播途径则是多种多样的；有些性病有妇科炎症，有些则没有，而所有妇科病都会出现妇科炎症。

比如淋病，是典型的性病，可在急性淋病的潜伏期过后，女性会出现尿道炎、宫颈炎等妇科病症状。而性传播的艾滋病则没有妇科炎症的症状。去医院挂号时，妇科病归妇科，性病归皮肤科。

年纪小就不会得妇科病吗？有些女孩明明有妇科病的症状，却不去看医生，觉得年轻女孩不会得妇科病。然而，妇科炎症指的是女性生殖系统的疾病，跟年龄关系不大。不满 14 岁的女生也有得妇科病的可能，甚至婴幼儿，因为外阴发育未成熟、抵抗力差、卫生习惯不好、用手抓挠私处，或因好奇心理在阴道内放置异物，都有可能引起妇科病。

漫谈妇科病种类

有些妇科病是天生的

比如处女膜闭锁。

上初中时，学校举办过生理讲座。我还记得主讲人是个脸颊微胖的中年阿姨，她说自己曾在医院碰到过一个女孩，到了该来月经的年纪却没来月经，但每个月都有几天肚子疼。家长没在意，后来女孩的肚子上开始有肿块，家长才慌了神，送女孩去了医院。

医生检查的结果是处女膜闭锁。绝大多数女孩的处女膜都是有不规则小孔的，来月经时，经血可以自然流出。而处女膜闭锁意味着处女膜上面没有孔，经血出不来，存在阴道和子宫内。这种病需要到医院做个小手术。

有些妇科病跟性完全无关

比如痛经、月经不调、子宫异常出血、多囊卵巢综合征等。

其中，多囊卵巢综合征就比较青睐青春期少女和年轻女性，它可不管你有没有性生活，偏胖或胰岛素偏高的女生患有这种病症的可能性都比较高。

有些妇科病，有性行为会增大患病概率

女孩子自身当然要讲卫生爱干净，但如果有一个不爱干净的男朋友，就会大大增加罹患妇科病的概率，比如阴道炎、盆腔炎、泌尿系统炎症……

妇科病的种类繁多，有些病症会仁慈地绕过年轻女孩，但发现任何异常情况，都应该去医院检查。

为什么需要做妇科检查

出现妇科病症状时，检查能帮我们搞清楚到底出了什么问题。不管你有没有性生活，有没有妇科病症状，年满 20 岁之后都该定期去做妇科检查，因为有些妇科疾病症状不明显，比如卵巢癌，前期没有痛感，也没有明显症状，但发现时一般已是晚期。

如果你属于高危人群，比如有宫颈癌家族史或者宫颈上皮细胞有轻度的异型改变等，至少应该一年复查一次。妇科检查最大的意义就在于早发现早治疗各种妇科肿瘤。像宫颈癌、卵巢癌、乳腺癌，还有子宫肌瘤等常见病，都是可以通过体检检测出来的。

什么情况下应该去做妇科检查

月经异常

比如在不该来月经的时候出血，连续三个月以上经期变短或变长，或者有异常痛经。

私处异常

比如阴部疼痛、瘙痒或者长出异物，白带突然增多或者有异味。

经常有疼痛感

以下部位如果经常有疼痛感的话，需要注意：下腹部、腰背部或骶尾部（腰后面，臀缝上面的那块地方）。这些部位的疼痛有可能是肿瘤压迫神经导致的，也有可能是炎症引发的不规律宫缩。

压迫感引起的排尿、排便困难

比如子宫内长肌瘤了，就有可能压迫到你的膀胱、直肠及输尿管等部位，引发排尿、排便困难及腰酸背痛。

妇科检查包括哪些项目

妇科检查，是对女性内外生殖器进行体检。一般包括阴道窥器检查、阴道－腹部双合诊、白带常规检查、妇科 B 超（经腹部或阴道）、TCT（液基薄层细胞学检测）、HPV（人乳头瘤病毒）检测等。

首先，医生在检查前，会问你有没有性经历。有些医生不会说得很直白，可能会委婉地问你"有没有男朋友"。医生会根据你的情况安排检查怎么做，没有性经历的女孩是用不着阴道窥器的。

妇科的双合诊，即检查者一手在腹部，另一手进入阴道或直肠联合检查，目的是检查阴道、宫颈、卵巢等组织有无异常。有性经历的女孩做阴道－腹部双合诊，没有性经历的女孩，医生会采用直肠－腹部双合诊。看到这里，有些女孩可能会觉得"啥？太羞耻了"。放松，相信医生。你越放松，检查的过程就越快。

白带常规检查，是为了求证有没有霉菌、滴虫、细菌性阴道炎症及阴道清洁度。通常是拿小棉签轻轻在阴道下段蘸取少许阴道分泌物。

妇科 B 超检查，主要是为了检查有没有子宫内膜疾病、宫颈疾病、子宫肌瘤、卵巢肿瘤。

TCT 是为了筛查有没有宫颈癌。高危型 HPV 与宫颈癌密切相关。

对于没有性经历的女孩，以上所有检查，没有你的同意，都不会经阴道进行。

讲了这么多，可能还是会有女孩担心：

"没有性经历就去看妇科，别人看见会怎么想？"

没有性经历也可以去看妇科的，这是常识。医生也有义务对患者的信息保密。

"我害怕，会不会很疼？"

别担心，不怎么疼，就算疼也是在可忍受的范围内。

"做妇科检查的医生居然是男的！"

见到男医生也不用害羞，但如果你非常介意，可以礼貌地跟医生讲出来，商量一下能不能换成女医生来检查。

基本顾虑解决得差不多了，我们再来聊一聊做妇科检查前需要做哪些准备。

妇科检查前，需要做什么准备

算好日子，经期不能做检查，至少要在月经结束两天后。

用清水清洁外阴就够了。有些女孩非常害羞，会在出门前把私处清洗得极其干净，反而给医生的检查增加了难度。去医院的目的就是看病，你把问题都隐藏了，医生怎么查呢？

穿宽松易脱的衣服，避免穿连体衣、长靴等。

做妇科 B 超前需要喝水憋尿，所以推荐先做 B 超等需要憋尿的检查，排空膀胱后再做其他检查（如果需要做尿液检查，可以在排空膀胱时顺便做）。

关注以下小细节，预防妇科疾病

女孩子大便后清洁时，要从前往后擦（从尿道口到阴道口，再到肛门），否则容易得阴道炎、尿路感染，严重者会导致肾盂肾炎。

无论量多量少，经期要勤换卫生巾，量多时 2 个小时更换一次，量少时也别超过 5 个小时。温暖潮湿的环境最易滋生细菌。除非是医生诊断后开的处方药，不要在私处乱用洗液。人体是有自净功能的，没问题的时候用清水清洗，有问题的时候就去看医生。

参考资料：

1.《没有性生活就没有妇科病？你又天真了吧？!》，第十一诊室，https://mp.weixin.qq.com/s/Q-fG_X1CDl8Tq4girJuYnw

2.《这 10 条妇科常识，所有女性都应该知道》，丁香医生，https://mp.weixin.qq.com/s/D3QZ4G8sisIEvnrkCMgI2A

3.《妇科检查不是想做就能做》，健康之路，https://www.yihu.com/doctorArticle/4BE7F272778E11E79611ECB1D77327F8.shtml

Part 10

理性正视婚检

作者 | 小北

结婚前，老公主动问我："咱们要不要去做婚检？"

我没有半点迟疑："好啊。"

基于对彼此的了解，我认为我们检查不通过的可能性几乎为零。得知北京婚检免费，我唯一的顾虑也没了。我们前往北京市朝阳区妇幼保健院做了婚前检查。

我从许多报道中得知，自从 2003 年国家取消强制婚检后，国内的婚检率就一落千丈。在北京这样的一线城市，婚检率也从将近 100% 变成了 2014 年的 6.76%。与此同时，北京婚检的疾病检出率快速上升——检查的人少了，查出病的人却多了。

虽然全国许多地方都在大力推行免费婚检，但真正参与婚检的人少得可怜。我问过很多已婚的朋友，很少有人选择在婚前做婚检。当我继续追问为什么不做婚检时，朋友们分享了各自的顾虑："怕影响我们的关系""公司有免费体检，不用再做婚检了""不知道婚检怎么做、去哪里做""担心泄露个人隐私"……

我想分享自己在北京做婚检的经历，给有顾虑的朋友一些参考。

婚检前，需要做什么准备

身体的准备

为了不影响妇科检查和一些常规的化验结果，女性应该避开月经期，最好在月经干净两三天后进行婚检。

婚检前的 2—5 天，应暂停性生活，这样生殖系统检查的结果会更准确。

婚检前的一段时间内，都需要注意休息，避免熬夜和过度劳累。

婚检前一天清淡饮食、禁烟禁酒。

婚检当天早晨要空腹，检查前至少禁食禁水 8 小时。

查询婚检地点

可以做婚检的单位，一般是夫妻双方户口所在地的妇幼保健院或定点医院。

准备材料

了解婚检时要带哪些材料，可以求助网上的攻略。全国各地的婚检没有统一操作规范，但通常都要携带身份证、户口本和 3 张 1 寸免冠照片，个别地方还要提供夫妻双方单位出具的"婚姻状况证明"。建议大家事先打电话询问当地的婚检单位，以官方说法为准。

婚检的流程

整体来说，婚检给我的感觉很温馨。我去做检查时，负责婚检的体检科，门牌都被刷成了粉红色，门口还放了一张海报，介绍婚检的大致流程。

当天我没怎么排队就进了体检科，说明来意后，女大夫要求我们出示身份证和 1 寸照，然后给我们打印了两份表格，男女各一份。

等我们填完表格里的个人基本信息后，婚检就正式开始了。

病史询问

1.家族遗传病史、婚配史和疾病史

在体检科办公室，医生询问了我们的家族遗传病史、婚配史和疾病史，全程不到一分钟。

出于好奇，我后来咨询过广东妇幼保健院的齐医生：只是口头询问家族遗传病史，那么如果当事人对病史不清楚，或者有意隐瞒，医生该怎么应对？

齐医生告诉我，病史询问一方面要依赖临床症状，比如夫妻有一方经常出血不止，有皮下瘀斑，就会考虑给双方做血友病基因检测；另一方面，当实验室检查提示异常时，医生也会继续向夫妻双方追问，比如针对红细胞平均大小异常，可能会建议受检者做地中海贫血基因检测。

总之，询问病史只是为了做出初步判断，还需要做有针对性的检查，才能进一步明确遗传病的风险。

2.月经史、婚育史和孕产史

接着，医生带我去了妇科诊室。妇科诊室的谈话是一对一的，大夫问了几个类似"月经是否正常""有没有过性生活"的问题，并要求我填写月经史、婚育史、孕产史等。然后，大夫吩咐我躺在检查台上，准备做妇科检查。

免费的婚检项目

除了病史询问、婚前卫生咨询外，婚检中男女双方都要做的检查有 8 项，过程和普通体检类似，只需按部就班完成即可。

1 项体格检查：包括身高、体重、血压、心率等常规体检项目，还有生殖系统检查。

4 项实验室检查：血常规、尿常规、肝功能检测、乙肝检测。

1 项影像检查：胸部数字化摄影。

2 项病毒筛查：梅毒抗体测定、艾滋病病毒抗体筛查。

女性一方，还需要再做一个阴道分泌物检查，包括滴虫和假丝酵母菌检查。

除了以上的免费项目，医生还会根据个人病史或现场检查结果，建议受检者加做其他项目，这时就需要额外付费了。比如，妇科检查环节，医生问我平时体检有没有做过盆腔彩超，如果没有，建议做一个，可以辅助判断子宫和子宫附件的情况。

当天保健院人不算多，我们大约用了两个小时就完成了所有必检项目。交完表格，医生发给我们一张通知单，上面写着一周后领取婚检结果，还强调"必须由本人领取"。如果委托他人领取，必须出具亲笔签名的委托书。现在有的医院可以出具电子版婚检结果，上网查看就行。

大众对婚检的顾虑和疑惑

不敢要求另一半做婚检

我身边有许多人认为，婚检会影响夫妻双方的关系，所以最好不做。就算双方的检查结果都没问题，对方也可能会认为你坚持做婚检意味着对这段关系不够信任。而如果某一方查出了问题，那就更难办了——还要不要结婚？

实际上，婚检是对婚姻最大的保护。我曾见过许多案例，婚前没发现自己或对方的健康问题，婚后追悔莫及，甚至和曾经发誓共度一生的人打官司。如果双方做了婚检，很多问题是可以通过医疗手段解决的。传染病患者的伴侣，可以通过注射乙肝疫苗、服用HIV暴露前预防药物避免被传染；携带伴性遗传病基因的人，可以通过性别选择，降低后代的遗传病率……

医学技术发展到今天，许多疾病都已不会再妨碍患者的日常生活和结婚生子了。与其逃避婚检，不如接受检查，了解和应对潜在的疾病，真正地对彼此负责。

常规体检可以取代婚检吗

我拿常规体检报告单上的项目和婚检项目做了对比，发现相比常规体检，婚检多了三项针对传染病的检查，包括乙肝、梅毒、艾滋病。这三种传染病都可以通过性传播和母婴传播。

如今人们开始拥抱更多元的生活观念，享受快速约会、网上相亲、闪婚等新型婚恋方式带来的自由，但这些自由中也隐藏着风险：你很难对伴侣的健康状况知根知底。

婚检能帮人们尽早发现不少问题。据 2015 年北京市卫计委的数据，2003 年后，婚检人群疾病检出率逐渐上升，从 1996 年的 5% 上升到了 2014 年的 12.95% 左右。其中智力低下、精神性疾病、男女性生殖系统疾病等疾病的检出率均呈上升趋势。

所以，就算有常规体检，婚前仍然有必要做一次婚检，检查遗传病史、传染病和生殖系统疾病的情况。如果真的无法做婚检，至少也该做"输血前四项"，即医院输血之前进行的四项常规检查，包括梅毒、艾滋病、乙肝、丙肝检查等项目。

婚检会不会泄露个人隐私

婚检中，询问女方的孕产史是必须的，但医生和婚检单位也有义务保护受检人的个人隐私。如果女方要求保密，体检医生一般不会将之告诉他人。

需要注意的是，假如女方要求保密的是不良孕产史，比如之前生下过缺陷患儿，医生在承担保密义务的同时，一般会建议再做相关的专科检查，进一步评估生育风险。其实，妇科医生做检查时，可以从宫颈口状态判断女方是否有过分娩经历，所以没必要在医生面前对自己的孕产史遮遮掩掩，为了自己和下一代的健康，要和医生实话实说。

如果一方的梅毒、乙肝或 HIV 检查结果呈阳性，医生一般不会告知患者配偶，而是会先告知患者，再由患者自行决定要不要告诉配偶。针对艾滋病患者，国家更是有专门的法律，以保护患者的隐私权。不过，根据《艾滋病防治案例》，艾滋病病毒感染者和艾滋病人应该将感染或者发病的事实及时告知与其有性关系的人，并且采取必要的防护措施，防止感染他人，否则属于恶意传播艾滋病，需要承担民事赔偿责任。

　　婚检一周后，我带着老公手写的"委托书"来领取两份婚检报告。在体检科，医生微笑着找出我们的婚检报告，然后一项项地为我解释。一切良好，只是我们两个没打过乙肝疫苗，医生建议我们抽空去注射。医生给了我两份"北京市婚前医学检查证明"和一册《北京母子健康手册》，婚检的基本环节就全部完成了。

参考资料：

1.《婚检自愿却不能免　因为检出疾病的真不少》，浙江新闻，https://zj.zjol.com.cn/news/578467.html

2.《婚检查出艾滋，不能让医院向配偶隐瞒病情》，腾讯评论，https://view.news.qq.com/original/intouchtoday/n3402.html

3.《婚检女友查出疑似艾滋被隐瞒　小伙婚后被感染》，中国新闻网，http://www.chinanews.com/sh/2016/01-10/7709349.shtml

4.《别把"婚检"当儿戏，否则知道真相时就已经晚了……》，知乎，https://zhuanlan.zhihu.com/p/27347517

5.《如果你有结婚的打算，千万要记得做这个检查》，看点快报，https://kuaibao.qq.com/s/20180625A1lMT800

6.《63.2%受访者认同婚检是对自身及家庭负责》，中青在线，http://zqb.cyol.com/html/2016-01/15/nw.D110000zgqnb_20160115_4-07.htm

7.《北京市去年婚检率仅为10.43%》，人民健康网，http://health.people.cn/n1/2017/0317/c14739-29151233.html

8.《中国每年新生缺陷儿约90万例　专家呼吁加强婚检孕检》，新华网，http://www.xinhuanet.com/local/2017-09/12/c_1121648178.htm

9.《婚检瞒天过海婚后病情发作　这样的婚姻有效吗？》，搜狐网，https://www.sohu.com/a/146373807_119778

辟

谣

二十一个
关于女性健康的谣言

8 秒钟内迅速增发 /
3 天止脱，5 天生发

辟谣：

短期内实现生发的产品不可能存在，因为头发有自己的生长周期。在生长期，头发会以每月 1 厘米左右的速度生长；2—6 年后，毛囊开始骤缩，头发停止生长，进入退行期；2—3 个月后，停止生长的头发变得容易脱落，原先长有头发的地方进入了休止期的冬眠状态，不再生出头发；3 个月后，头发会重新生长，开始新的一轮生长周期。

商家宣传的防脱手段，大多是用药物延长头发的生长期，或加速头发在生长期内的生长速度。而所谓的"生发"，也就是在头发进入停止生长的退行期后，用药物促进毛囊再生，刺激毛乳头细胞分裂，实现生发效果。号称能快速防脱生发的产品，其实仅适用于处在健康生长周期的头发。如果你有 60% 的头发一直处于只掉不长的状态，想要防脱生发，这些产品大多功效甚微。

何首乌治疗脱发

辟谣：

很多商家宣传洗护产品时，会强调该产品的有效成分包含何首乌提取物，仿佛有了何首乌，防脱生发就有了保障。可事实上，目前还没有科学研究证明单用何首乌就可以治疗脱发、帮助生发。已知的何首乌有效成分——二苯乙烯苷仅能促进毛发黑色素的生成，也就是只会让头发变黑。何首乌需要与其他中草药一起制成混合溶剂，且需要特定的剂量才能促进毛发生长。

然而要当心的是，何首乌还含有蒽醌类化学成分，这类成分存在肝毒性、肾毒性和致癌的潜在风险。因此，哪怕只是想借助何首乌来让头发变黑，也要谨遵医嘱，科学用药。

处女不能用内置式卫生棉条

辟谣：

　　有一种谣言声称内置式卫生棉条会弄破处女膜。这种谣言得以盛行，首先是因为卫生常识的缺乏。处女膜本来就有孔，而棉条的直径比处女膜上的孔要小很多。

　　处女膜的学名是阴道瓣，与其说它是一层膜，不如说它是阴道开口处的褶皱组织。处女膜上自带小孔，即使吸收经血膨胀后，棉条也可以从有韧性的处女膜中轻松通过而不造成任何损伤。

拔智齿能瘦脸 /
矫正牙齿能瘦脸

辟谣:

这样的谣言得以流传，可能是因为牙齿对脸部组织有支撑作用，人们就想当然地认为拔掉不必要的智齿可以瘦脸。其实智齿所处的位置比较靠内，与下颌骨外沿还有很大距离，就算把它拔掉，也不会改变下颌骨外沿的轮廓。拔掉 2—4 颗智齿对嘴唇和脸颊支撑作用的改变都是微乎其微的。

拔牙后脸变瘦的原因，可能藏在术后的饮食里。因为拔牙后的一段时间里，你可能都得捂着肿痛的腮帮子，难以咀嚼，每天只能吃点清淡的流食。连喝水都费劲，食欲自然会跟着下降。发现自己拔牙后瘦了一点，其实是因为吃得清淡吃得少——饿瘦的。

不穿胸罩，胸容易下垂

辟谣：

要破解这个谣言，首先需要搞懂"胸是怎么下垂的"。乳房下垂在临床上较为常见，它的发生与以下因素有关：

哺乳停止后，女性雌激素水平降低，导致乳腺泡、腺体和脂肪组织萎缩，乳房支撑减少；

短期内减重过多，造成皮肤松弛、乳房内脂肪流失；

女性年龄增加，皮肤老化，乳房悬韧带退行性松弛；

乳房超重，间接造成乳房悬韧带疲劳性松弛。

对一般女性而言，若乳腺体积、重量正常，穿与不穿胸罩对健康并没有太大影响，只是佩戴合适的胸罩可以更好地塑形。

不过，巨乳症患者因乳房过大，较常人更容易重心不稳，甚至出现脊柱变形和驼背现象，因此应该穿戴胸罩。另外运动时戴胸罩还可起到缓冲作用，避免不必要的损伤。

　　至于"穿胸罩会增加患乳腺癌的风险"这一说法，因为缺少证据支持，可信度不高，而"穿胸罩能延缓乳房下垂"的说法则更是无稽之谈。

乳腺增生就会导致乳腺癌

辟谣：

乳腺增生可能会引发乳腺癌，不过可能性比较低。大部分的乳腺增生都是良性的，只有一小部分非典型的增生可能会发展成乳腺癌。

那些属于良性的乳腺增生，一般是因为内分泌代谢失衡，雌激素水平增高，导致乳腺组织增生过度和复旧不全。一段时间以后，增生的乳腺组织不能完全消退，就会形成乳腺增生症，并不是毒素淤积导致的。绝大多数乳腺增生并不会发展成乳腺癌，乳腺细胞癌变也不一定会经历乳腺增生的阶段，只有非典型的增生被视作癌前病变，需要多注意筛查。

乳腺增生可以用乳腺疏通、精油按摩、仪器照射、中药贴敷等方式治疗

辟谣：

美容院所谓的"胸部养护套餐""乳腺疏通套餐"，往往是采用涂抹精油加按摩的方法，有的还会给顾客配制一些不知名的口服药物。且不说这些精油能被皮肤吸收多少、能否作用到乳腺，单说它们的成分就是个谜——它们是否安全、健康？如果盲目使用含有雌激素的精油、药物，就有可能因激素摄入过量，导致乳腺增生加重。而按摩手法不正确，或是用力过猛过重，都有可能损伤乳腺组织，造成乳腺炎、乳腺粘连。

8 性生活多了私处会变黑

辟谣：

私处颜色的深浅和性生活频率无关。雌激素是导致阴道上皮和大小阴唇逐渐增厚、女性私处出现色素沉着的真正因素。由于私处皮肤聚集的黑色素细胞比身体其他部位的更多，所以私处的颜色会比身体的其他地方更黑。不只女生如此，男生进入青春期后，私处也会变黑。

女性在幼儿时期，卵巢处于原始状态，没有卵泡排出，没有月经，也没有色素沉着。进入青春期后，性激素的分泌对于黑色素细胞有明显的增产作用。在体内促性腺激素的作用下，卵巢开始增大，卵泡开始发育，出现了逐渐规律的排卵，开始有了月经，同时卵巢开始分泌雌激素，阴毛长出，私处变黑。

盆腔积液就是盆腔炎

辟谣:

盆腔积液，就是积存在盆腔里的液体，分为生理性积液和病理性积液。

生理性积液是盆腔里的肠管、大网膜等分泌的液体，起着保护盆腔内器官和组织、维持润滑的作用。盆腔是人体的"低谷"，尤其在站立的时候，积液会因为重力作用而往低处积存，做 B 超时可能会看到。生理性积液并不足以造成什么不良影响，也不会导致身体不适。

而"盆腔积液就是盆腔炎"的说法，就来自人们对病理性盆腔积液的一知半解。

10 宫外孕必须做手术

辟谣：

　　正常情况下，受精卵需要在宫腔里发育成胚胎，宫腔里面宽敞又舒适，还会随着胎儿的生长发育越变越大，给胎儿足够的空间，但如果受精卵没有跑到宫腔，而是跑去了别的地方着床，就是异位妊娠，也称宫外孕。在宫腔以外的地方着床的受精卵，是不能够正常发育长大的。

　　如果宫外孕发现早、天数小、无明显症状，可以尝试保守治疗，如果幸运，就不需要做手术。不过一旦出现破裂征兆，就必须尽快接受手术。而最为危险的输卵管间质部妊娠，最好是在发现后就立刻治疗，不要拖到发生破裂大出血时再采取措施。

11　得了多囊卵巢综合征，
就不能生育了

辟谣：

　　多囊卵巢综合征，是一种育龄期女性常见的疾病，它有内分泌紊乱、高雄激素血症、卵巢多囊样变等多种症状，往往还伴有胰岛素抵抗、稀发、月经不调甚至闭经，以及痤疮、多毛、黑棘皮症等。青春期女生因为月经异常去医院就诊，往往会被诊断患有这种疾病，而育龄期的女性患者很多是在检查不孕症状时发现的。目前，多囊卵巢综合征的发病原因还不是十分清楚，但有研究认为它跟家族遗传有一定的关系，部分患者呈现出一定的家族聚集性。

　　多囊卵巢综合征的确会对正常的怀孕和生育造成影响——因为不能正常排卵，没有卵子，怀孕会变得很困难，但它并不意味着绝对的不孕。如果患者打算怀孕，还是有很多应对手段的。

别

怕

女性互助黄页

渐修碎碎念

我是一个名不见经传的公益人，接触公益 14 年，仍然在路上。公益行业听起来很崇高，实际上和其他行业没有什么本质的不同，都是人性的碰撞场，它自带的道德光环有时甚至会降低许多人的戒备心，掩饰了不少阴暗面。见识了这方水域中的鱼龙混杂，我想提醒年轻的女性朋友：要警惕一些"自带光环"的人，无论面对任何事、任何人，你都永远有资格说"不"。祝你健康，祝你平安。

sheron_sorciere

我是来自广州的大学生，1997 年出生。我的专业是社会科学和心理学。在学习专业的过程中，我看到这个世界对女性定立了太多规矩，因此，我在 3 年前正式加入了女性平权机构，希望我们可以撇开偏见，让更多不被听见的字词变成"日常用语"。我们应该理解不同观点，而不是一味地去界定别人观点和行为的对错。希望妈妈们和准妈妈们不要一味地认定男孩就应该玩小汽车，女孩就应该玩娃娃。让孩子们多尝试！

Becky

我是来自云南的"00 后"姑娘，目前是俄罗斯人民友谊大学的在校学生，专业是口腔医学。我专注于比较欧洲人的性别观和亚洲人的性别观，热爱阅读，曾经阅读的《天空的另一半》让我明白亚洲许多地区的女性地位非常低，生存环境很糟糕。对比欧洲，我知道我们还有很长一段路要走。在校期间我与各个国家的女生都有过不少交流，发现发达国家的婚姻观、生育观与我们的有很大差异，可以用领养代替生育。女性的价值不该只由子宫来定义，我们生活在一个美好的时代，女性权利正在越来越多地被探讨和维护。让我们继续努力，为了更美好的明天。

豆瓣 ID：Becky

SMSHE-LL

我是一名深圳的大一学生，别名云曦，容貌尚佳，而这也给我带来了很多安全隐患。我想告诉大家，无论何时，都不要让自己显得柔弱，要凶一点，对自己的安全问题要时刻保持高度警惕。如果感觉不对劲，要当机立断采取措施。很多时候危险就在我们身边，受害人能够感觉到（特别是被跟踪，我有过好几次被跟踪的经历），却碍于各种原因没有采取措施。还有一点，当你无法保护自己的时候，不要打扮得太过抢眼。这不是"受害者有罪论"，只是降低风险的手段，毕竟我只是学生。

sunshine

我是一名食品质量与安全专业的大三学生。健康生活，从我做起。在这里友情提示正在减肥或准备减肥的小姐姐们，不要减重过快，否则可能会危害你的身体。减肥要循序渐进，保持健康才能获得持久的美丽。环肥燕瘦各有千秋，我的美丽我决定！

辣椒树的幻肢

我是一名常居上海即将进入研一的学生，专业是传播学，经常关注女性主义话题以及话语和影视表达中的男权语境，李银河老师的《女性主义》是我的女权启蒙书。女权的根本在于平权，这也是一切女性主义流派的中心诉求。现在网络环境中对女权主义者的污名化现象严重，我的毕业设计也是关于此类话题的。在此呼吁大家，如果遇到让你不舒服的言论或者行为，一定要勇敢地表达，藏在键盘背后狂喷的嘴畏惧的正是现实中的坚定和坚强。

微博名：辣椒树的幻肢

Pluviophileliu

我是一名大二的学生，从高中开始关注与女性相关的话题。我更认同女性要提升自我能力，不管是思想上还是行为上，女性首先应该是独立的，有足够的能力，才能更好地生活在社会中。我们要寻找自我、坚持自我，不害怕不畏惧，通过自己的努力消除歧视。成为独立的新时代女性，是一种方式，更是一种选择。

微博名：Pluviophileliu

Niki

我是一名从事自闭症行为干预的社会工作者。接触自闭症以及其他有特殊需求的儿童群体已经 8 年了，我遇见了很多家庭，更见证了这些家庭中承担顶梁柱角色的妈妈们的付出。希望特殊儿童的妈妈们不要将疾病归咎到自己身上，这从来都不是你们的错。我永远都想象不到你们承载了多少压力、牺牲了多少自我。希望你们在遇到难题时可以勇敢地求助，为了孩子，也为了自己。虽然身为特殊儿童的母亲，你们会失去很多自己的生活，但我仍然希望妈妈们不要被标签和歧视束缚，不要畏惧未来，因为无论是孩子还是生活，都是充满希望的。

K8014

我是一名计算机系的学生，希望全世界的女性都有机会了解世界、了解自己、实现梦想。

我建议大家在使用手机和其他电子设备时注意：尽量不要发原图（部分手机发原图时会暴露拍摄照片的地点）；如果在住址拍照，一定要检查照片里是否有标志性的建筑物、路牌、店面名称、任何与身份证件相关的条形码及二维码、门牌号等，还要检查照片中的玻璃、镜子、手机背面和自己的瞳孔有没有反射出这些信息，如果有请打马赛克；不拍照、视频通话的时候要用摄像头贴纸贴住手机、电脑的所有摄像头（黑客入侵摄像头并不需要很多技术）。希望大家永远不被骚扰！

格木 GeMu

我是一名学习汉语言文学的大一学生。我一直认为语言是思考的手段，而思考会借字句来呈现。在自我阅读与对外交流的过程中，我看到中国女性的主体意识逐渐从几千年的沉睡中苏醒，在新的历史时期跃动，个体微小的呐喊自觉地汇聚成江河，展现出磅礴的力量。女性互助应该不只是单个国家，而是全世界努力的方向——踏在前辈们开拓的道路上，作为后辈的我们应该继续努力，为后代争取更光明、多元、平等的未来。

豆瓣 ID：格木 GeMu

liana

我是北京的一名初三学生，一直对女性赋权等问题很感兴趣。我也有一个公众号，会讨论一些女性相关话题，例如经期贫困、身体羞辱等。写公众号的同时我了解到了更多来自不同地区、不同年龄的女性可能会遇到的性别不平等问题。在学校里，我也曾经见过类似身材羞辱的事情发生。我认为遭遇身材羞辱时，一定不要采取极端的减肥方式，也一定要知道：不是只有瘦才是美的，不要因为自己的身材而感到自卑。同时，我认为不论年龄、性别，都可以了解女性赋权相关话题，参与其中，并阅读相关书籍和文章等。

瘸帮帮主黄蓉

我是一名学生，正在攻读博士。我参与过很多次田野调查，无论是在深山还是市中心，无论需要爬高还是下低，无论是脑力还是体力，女性都完全可以做和男性一样的工作。业余时间，我曾参与大学心理协会的义务工作，受人帮助，也帮助过他人。现代科技让男女之间的社会差异越来越小，但是依旧有很多针对女性的陷阱。同时，因为不得不兼顾家庭和事业，许多取得了成就的女性在健康上都有一些透支。希望女性可以主宰自己的婚育，不要过分牺牲个人健康去证明自己的实力，希望我们可以消除社会环境中对女性实力的歧视。

黏黏的娘娘 nana

我是一个在日本从事跨性别研究的留学生，也是性少数群体的一员。我经历过性别身份自我认同期，才发现"男性"或者"女性"

不过是社会给予我们的性别标签。我承认男女生理的差异会带来部分社会属性的差异，但相较探索什么是"女性"，不如探索什么是"自我"。无论是否符合传统对"女性"的定义，我们都可以拥抱自己"不完美"的身体，热爱心里独一无二的自我。

微博名：黏黏的娘娘 nana

lisaisamyth

我在武汉，是一名即将毕业的大学生。我是一名非常普通、戴着眼镜、身材微胖的女性，我是一位骄傲的女权主义者。Women for women（女人为女人），女性之间的相互帮助和理解支持对女性在社会、经济、文化和政治方面的权益提升都很有用。我所希望看到的平权，是能在更"向上"的舞台上看到更多的女性面孔。同时，我们也要努力为自己争取机会，不要被社会对女性的固有印象和偏见限制，要让自己的付出得到应有的回报。

微博名：lisaisamyth

chenxin

我本科时开始阅读和研究女性主义，在非洲工作了两年，这段经历让我进一步了解到不同地方的女性的生存状态和境遇，更重要的是，它让我看见了女性身上坚韧不拔、不向命运低头的韧性。她们之中有高中辍学、凭借自己的努力学得手艺的商贩，有靠打扫卫生让孩子接受最好教育的单亲妈妈，也有专为女性提供贷款的 NGO（非政府组织）负责人。她们的经历也鼓励着我不断走向自己的目标。我希望未来能够帮助女性认识到自己身上具备的力量，让她们更加自信，将生活牢牢掌握在自己的手中。希望能够看见更多的女性成为领导者，为女性发声，成为年轻女性的榜样。长路漫漫，让我们一起努力。

zjy

我是一名戏剧影视导演系在读的大二学生，公众号"女孩别怕"一直为我带来了很多知识和慰藉，女性成长和女性安全是这几年的热点，在很多影视作品中也可以感受得到。个人的一次遭遇，让我感受到了一些青春期女孩在遇到事情时无知和无处求助的痛苦。它给了我消极的情绪，同时却也赋予了我对抗的力量，让我有更多的力量和勇气去帮助更多的人，去发一次声。希望影视作品里的"女性悲剧"不要发生在生活中。我想要的更多是一种平权，能够消除歧视的思想和固化的思维。女孩别怕，有我们在——这里的"我们"不分男女。祝公众号"女孩别怕"越来越好，感谢。

lijinglun

我从 18 岁开始在世界各地闯荡，现在已经是第 7 个年头了。明白怎样打开心扉、用不带偏见的眼光看待新事物，让我在这一路上收获了很多。原来每个人都生长在一个由文化传统构成的泡泡里，在走进别人的泡泡以前，我曾以为自己的泡泡就是全世界。所以，我想对所有出国留学、旅游、工作的人说：不要扎在中国人堆儿里，勇敢地去跟当地人交朋友吧。走出舒适圈，你会发现这个世界原来这么大！

ly

我是一名精神科在读研究生。学医过程中，我越来越觉得男性与女性只有生理性别的差异，没有所谓的社会差异。然而，现实却不是这样，现实生活中的性别偏见随处可见。最让我深有感触的是，在实习时，我不止一次被患者称呼为护士，而学护理的男同学却总是被患者称为医生。总有一些人认为，女权主义者是在为女性权益抗争发声，但我觉得我们不只是在为女性发声，也是在为受到性别偏见迫害的男性发声。我们只不过是在捍卫自己作为一个独立的人应有的权利。你可以不理解，但请一定要尊重。

山西雪豹

我是一名劳动争议仲裁员，希望女职工的各种权益能够被关注、被重视。

尽管有三期保护，女职工在职场中受到歧视和同工不同酬的现象依然存在。我建议，大家在争取同工同酬时，要注意收集"同等岗位、同等工作量、同等业绩"的证据，因为同工同酬的判断重点就在"工作量和业绩是否相同"，而岗位相同只是一个最基本的条件。希望所有女职工都能合法有效地争取到自己的权益。

微博名：山西雪豹

mlp

我是一位从事刑事检察工作 20 多年的检察官、二级心理咨询师，当然也是一位呕心沥血的老母亲。职业让我接触到许多性侵害的被害人，也接触到了许多被害人的家长。

每一个被害人背后都有一个令人长吁短叹的故事。形形色色的人、各种不同状况的家庭，促使我关注和思考家庭性教育的关键是什么，并投入精力开展了一系列"如何帮助未成年人保护自己、预防性侵"的教育、调研和讲座。

Zylnxbx

我从事保险行业已经将近 5 年。在此，我建议女孩子一定要给自己买一份重大疾病保险。希望我们能平安健康地生活，但万一我们的生命遭遇不幸，至少医疗费用不用靠父母挨家挨户地找人借钱支付，保险公司就可以承担这样的风险。

抖音号：Zylnxbx

Yiiiiie

有一年的冬天，我晚上 7 点半回家时被人跟踪至楼道里。在一楼门禁那里，我留了心眼让他先走，自己在后面慢慢走。他突然跑回来伸手摸我，我往后躲，喊"着火了"。他立刻跑了，楼下一层有人开门问："哪里着火了？"这种呼救方法真的很有用。还有在路上行走时，请尽量选择离店面较近的地方，觉得危险就可以进店。一个人在外面一定要小心谨慎，不管是白天还是晚上。

yhnlx

我是某古都著名外国语学校一名很有个性的初三学生，性别女，从小学起，就开始关注性科普教育议题，呼吁平权。在个人成长过程中，我感受到了中国性教育的严重缺失，也看到了很多人对某些事情的刻板观点。我曾因为在班上传播性科普知识被班主任叫去谈话，因为做了关于性别刻板印象的英语演讲被班级少数男生在背后辱骂。我想告诉大家，年青一代的性教育环境并没有变好，知识与观念的普及仍然任重道远。另外，我们还要勇敢做自己。只要你存在于这个世界上，就肯定会有人看不惯你，骂他们一句就不要在意了。希望大家活出自我，在不完美的世界里努力争取自己的正义。共勉。

wenwen

我是一名女性教师，江西人，教初中两年。希望家长们一定要重视性教育，从小就要教男孩、女孩学会保护自己的私密部位，学会尊重他人的身体；向青春期男女生分享健康的恋爱知识，比如父母的相遇相知、如何看待恋爱；对初中生的恋情，堵不如疏。建议家长和孩子们多看看中国人民公安大学李玫瑾教授的演讲视频。初中三年是校园暴力的高发期，女性相对来说更容易受到性伤害。作为老师，应多关注班上学生的心理健康，自卑孤僻的学生很容易被校园暴力分子注意到；多关注校园的角落，比如走廊尽头、卫生间、操场的边边角角，学生很容易选择在这些地方打架。还有，老师也要学会保护自己，青春期的学生情绪敏感，容易冲动，而且从网络上接收的信息量巨大。尽量多些耐心，多观察，也不要忽视人性的幽暗，即便他们还是初中生。

Linda

我现在在做融资工作，有国外留学经历。我想分享的是女孩子在外居住，或者出差、旅游时的一些自我保护技巧。使用门阻器，外面的人会很难推开门；便携报警器种类较多，我常用的一种带有两个金属插片，可以插到门缝里，如果门被打开了，会发出刺耳的警报声；固定报警器可以贴在窗户或门边两侧，有开关，如果门或窗被打开会发出刺耳的警报声。在外住酒店（或民宿）时，把猫眼用贴纸贴住，在房间尤其是浴室里仔细检查，看看有无可疑物品或者小孔，睡前还可以用柜子或者沙发顶住门。如果有人来敲门或者打电话，只要不是叫来的客服或者熟知的人，一律不要回应，就算是服务员送果盘也可以拒绝。如果在缤客、爱彼迎等民宿 App 上预订房间，尽量避免使用真实头像照片，最好也别用真实姓名。如果人在国外，房东以各种理由向你多收钱，可以吓唬他你正在读法学院，请他收回不合理的要求，或者让平台直接介入，总之别夙别怕。希望所有的女孩子都能多份心思，保护自己，一生平安。

188

我曾经是一名酒店人，在维也纳酒店做过前台，公司里有个紧急代码"009"，通常指有火情。酒店培训的频率很高，只要前台接到启动"009"的指令，所有服务人员都会拿着灭火设备去相应的地方，不过遇到其他紧急情况时，说出这个代码，酒店也会帮助你。不知道其他酒店有没有类似代码，女孩子可以提前了解一下——希望你们一直用不上，但万一真的遭遇险情也不会孤立无援。

向清影

我是一个内容从业者，也非常喜欢阅读公众号文章，每天都会阅读很多。为女性朋友们推荐"一本黑"公众号推送的文章，里面经常会曝光各种"黑灰产业"，可以了解一下公众号推荐的酒店摄像头检测设备、防盗安全门挡、手机电脑摄像头防黑客入侵偷窥设备等产品。公众号"终结诈骗"也非常值得关注，多去了解一些防骗知识，女性可以学会更好地保护自己。就算你确信自己有足够的防范能力，我觉得也有必要多去了解。这世界上还有那么多肮脏的套路，了解一下，不是坏事。

微博名：向清影

hhh

我是江西人，一名情感咨询师，从业两年，见过很多受情感困扰的人，也听过许多人被感情折磨的故事。我想对女性朋友说：在感情生活里要学会倾诉，学会思考，形成正确的价值观、人生观、世界观是基本。对于不合适的人和事要果断处理，避免自身受到伤害。

oddball

我从小体质虚弱、肠胃不好，还容易低血糖。有次放假一个人在家，因为肠道细菌感染，早上醒来的时候肠道痉挛、腹痛腹泻、全身一直冒冷汗，加上低血糖，眼前几乎什么都看不见，身体也软绵绵的。好在房间里有热水和面包，吃下东西，症状缓解之后我马上联系到了家人。我建议大家，不管是不是独居，睡前最好在床边备好热水和杯子，这样一般的急性病症突发时能够在第一时间得到缓解，如果是低血糖的话可以再备几颗糖。

filbert 的葡萄

我是一名正在准备考研的大三学生。无论是考大学还是考研之前，总会有亲戚跟我说："女孩子，能学成什么样就是什么样。"在大人的饭桌上，也总会有长辈嘱咐我爸："以后就让她在身边工作，女孩子不可以跑远了，更不可以让她嫁到省外，本地最好。"我们在学习、生活上因为性别被定义。因为我们是女孩子，所以我们就不能选择站在更高的地方、走更远的路、看更好的风景吗？有了追求，就去行动，别害怕自己是女生，别让外界的偏见束缚了自己，对所有的歧视说一句：去他的！

微博名：filbert 的葡萄

Estefania

这么多年，我总结到的经验是，真的遇到危险或者骚扰，自己意志的坚定是最重要的。所以我呼吁大家不要总是追求纤纤细腰、细腿细胳膊，而是要经常运动，保持一定的肌肉和肺活量。被人一把抓住后毫无反抗之力的女孩子，请你们一定要积极健身，多做有氧运动，比如各类拳击、防身术。我以后要是有女儿，不要求其他，一定要让她练习 Krav Maga（马伽术），学会对自己的安全负责。

脑浆匮乏

我是一个即将升入大四的女生，也是一个慢性病患者。我想提醒大家，在身体出现任何持续时间较长的反常症状时，一定要去医院，不要讳疾忌医，不要把小病拖成大病！一定要相信医生。女孩子一定要对自己好，要把自己的身体放在第一位。

微博名：脑浆匮乏

yut22

想跟大家分享一些优质的公众号："女孩别怕"教会了我自我保护，"硬糖视频"和"夹性芝士"给予了我性教育启蒙，"第十一诊室"让我了解到了更多的女性生理知识。还想跟大家说，20 岁以后需要定期去做乳腺和妇科体检，妇科疾病早发现早治疗。如果经期前乳房胀痛，尤其需要考虑到乳腺增生的可能。

匿名

作为学生，平常与同学相处，有摩擦是必然的。同学有时会有意无意地对我们造成伤害，这时，我们要大声说出来：你这样我很讨厌／生气！如果有必要，就尽量远离他们，觉得不舒服的事不要忍着！忍耐对方的无理请求，对方就会逐渐养成有事找你的习惯，你做不好还会遭到埋怨……我曾经就是这样子的，帮忙还被嫌弃……所以一定要学会合理拒绝，不要一味做老好人，有点性格也不错。

猫小妖阮阮

我从小到大遇到过很多次性骚扰，基本都是在路上走着走着，碰到四五十岁的大叔、五六十岁的大爷，有的污言秽语，有的手里还在"打飞机"，有的拿出手机光明正大、兴高采烈地对着我拍。很恶心，真的很恶心。我以前特别疑惑：我长得不漂亮，身材不出挑，穿着也很普通，为什么我会遇到这种人这种事？后来我才想明白，流氓到处都有，错的是他们，不是我。所以，女孩子们，如果你们不幸遇到了流氓，就算不敢强烈反击，起码也要大声骂走他。越忍着，他们就越猖狂。

微博名：猫小妖阮阮

公众号：浮生猫语

junyi05

我是一名前端女工程师。高考那年，母亲生病，父亲在另一个城市工作，无人照顾我，我不得不住在姨姨家。某一个晚上，我被姨父迷奸了。我花了 5 年多的时间才走出这个阴影，考研、学心理学、学散打、读书旅行，让自己越来越强大，慢慢地摸索出了走出阴影的方法。

命运是自己的，只要你活着，伤口就有痊愈的机会。去见见更多的世面，多认识一些温暖的、有意思的人，学着变强大，去掌控命运，绝不要轻易放弃生活在这世上的机会。

Cynthia_Rey

我是一名在美国留学的高中生。小学一年级被老师性骚扰后，我一直处于自卑和迷茫中，直到上了高中，初次接触到女权。女权让我看清了这社会中的种种丑恶，以及一些本不该由女性来承受的"义务"和束缚。我打破了沉默，建立了女权社团，定期发表文章，只想让女孩子不被社会压迫，无所畏惧地活出自己，当自己的权益被侵犯时能勇敢发声。若你感到不公，说出来或做些什么，together，we can make a change（我们可以一起做出改变）。

漂洋过海的 nosignal

我喜欢阅读。我想告诉大家，我们可以读优秀的文学作品，也可以选择性地读一些真实的刑事案件。我曾在知乎上看过许多拐卖大学生的案例，以及相关的防范措施，这些案例对保护自己还是很有帮助的。比如，大一时有一次我和舍友去校外买水果，遇到一位老奶奶，她说自己迷路了，要我们带她找路。舍友比较单纯，就想直接帮她，我拉住舍友说，要不我们打电话给警察吧，一会儿我们还有课，别耽误了。结果我们还没打通电话老奶奶就说她想起来怎么走了，很快就走开了。通过这件事我想告诉大家，我们要心怀善良，但防人之心不可无，做一个善良的人的前提是保护好自己。

微博名：漂洋过海的 nosignal

"女孩别怕"团队

童姥

戴先生

李圆脸

小疼

圈圈

杨运星

哈奇政晔

赵梦雪

陈竞

常悦

Disco 羊

鲁蔚 Kanawuv